全新知识大揭秘

自然与环境

李方正◎编写

吉林出版集团股份有限公司
全国百佳图书出版单位

图书在版编目（CIP）数据

自然与环境 / 李方正编. —— 长春：吉林出版集团
股份有限公司, 2018.7（2023.7重印）
　　（全新知识大揭秘）
ISBN 978-7-5581-5456-0

Ⅰ.①自… Ⅱ.①李… Ⅲ.①环境保护–少儿读物
Ⅳ.①X-49

中国版本图书馆CIP数据核字（2018）第134627号

自然与环境
ZIRAN YU HUANJING

编　　写	李方正
策　　划	曹　恒
责任编辑	林　丽　李婷婷
封面设计	吕宜昌
开　　本	710mm×1000mm　1/16
字　　数	100千
印　　张	10
版　　次	2018年7月第1版
印　　次	2023年7月第3次印刷
出　　版	吉林出版集团股份有限公司
发　　行	吉林出版集团股份有限公司
地　　址	吉林省长春市福祉大路5788号
	邮编：130000
电　　话	0431-81629968
邮　　箱	11915286@qq.com
印　　刷	三河市金兆印刷装订有限公司
书　　号	ISBN 978-7-5581-5456-0
定　　价	45.80元

1972 年6月5日，在瑞典斯德哥尔摩召开的联合国人类与环境会议上，提出了一个响彻世界的口号："只有一个地球。"

近50亿年来，地球在日复一日年复一年地变化着。200多万年前，当人类在地球上诞生时，这个行星就为人类创造了充足的生存条件——陆地、海洋、森林和空气。

联合国环境署公布的材料认为，地球上的环境正在恶化，地球上十大环境祸患正在威胁着人类。一是矿产资源减少，土地遭到破坏；二是气候变化，温室效应威胁人类；三是生物的多样性减少；四是森林面积日益减少；五是淡水资源受威胁；六是化学污染日趋严重；七是混乱的城市化；八是海洋生态危机加剧；九是空气污染严重；十是极地臭氧层出现空洞。

我们"只有一个地球"，只能倍加珍惜、爱护这个已经疲惫、劳累的家园，别无选择。

地球是个整体，环境没有国界。无论是环境所面临的问题，抑或是对环境的研究，都是全人类都要共同面对的问题。在当今世界上，环境问题已成为一个举世瞩目的全球性问题。目前，人类已经认识到环境对自身生存和发展的巨大影响。环境的价值对人类具有极其重要的意义。

前言 QIANYAN

在自然界，曾经是并不存在环境问题的。但是，自从有了人类，人类活动作用于周围的环境，引起了环境的破坏，产生了公害，导致出现了环境问题。

随着社会的进步，生产发展，城市增多。城市成为手工业和商业的中心。城市人口密集，住房紧张，纺织、印染、炼铁、铸造等各种手工业作坊与居民住房混在一起。这些作坊排出的废水、废气、废渣，以及城镇居民排放的生活垃圾和污水造成了环境污染。不过，由于当时的城镇规模和手工业作坊的规模较小，环境污染问题还不是很突出，因此未能引起人们的注意，影响也不是很大。

从 18 世纪到 19 世纪初开始，环境污染作为一个问题，逐步引起人们的重视。这时，瓦特发明了蒸汽机，蒸汽机主要以煤作为动力燃料，从此各种污染物空前增多。在产业革命的故乡——英国伦敦，首先发生了一系列大气污染事件，伦敦也成为世界著名的雾都。煤的大量开发利用，促进了化工工业的兴起，但化工工业的大量废水又污染了水体，由此环境污染从大气扩散到了水域，污染范围逐渐扩大……

如今，环境污染已发展成严重危害人们健康的社会公害，成为人们普遍关注的重大问题。

MULU 目录

目 录 MULU

MULU 目录

目录 MULU

第一章
走近环境科学

环境科学是一门综合性学科，它的诞生只有几十年的光景。在 20 世纪 60 年代，爱尔兰上空，许多海鸟神秘死亡。生物学家经过解剖，发现这些海鸟体内积累了不少多氯联苯，还发现在定居南极的企鹅体内，含有滴滴涕农药。这些人工合成物质为什么会来到海鸟、企鹅体内"安家落户"呢？经调查研究发现，是人类排放有害物质，污染和破坏了环境。这就是环境科学的萌芽。到了 20 世纪 70 年代，环境科学才逐渐从自然科学和社会科学中产生出来。

自然环境

从大的方面来说，环境是由自然环境和社会环境两部分组成的。

所谓自然环境，就是自然界中可以直接或间接影响到人类生活、生产的一切自然物质和能量。构成自然环境的物质种类很多，主要有空气、水、植物、动物、土壤、岩石矿物、太阳辐射、宇宙中的星体物质等。这些都是人类赖以生存的物质基础，或影响人类生存的物质组成。

就全世界而言，随着地域的不同，自然环境差异很大。例如，低纬度地区，每年接受太阳的热能比高纬度地区多，形成热带环境；高纬度地区，形成寒带环境。雨量丰沛的地区，形成湿润的森林环境；雨量稀少的地区，形成干旱的草原或荒漠环境。高温多雨地区，土壤终年在淋溶作用下形成酸性；半干旱草原地带，

土壤常呈中性或碱性。不同的土壤特征又会影响植物和作物的生长。在广阔的大平原上，表现出明显的纬度地带性；在起伏较大的山地，则形成垂直的景观带。

在自然环境中，各种环境要素是相互影响和相互制约的。例如，

西欧和北欧地区，由于温湿多雨，在这里，工业区和城市向大气中排放大量的二氧化硫，使云、雾大量增加，雨水酸度增大。酸雨降到地表，不仅有侵蚀作用，而且加强了溶蚀作用、腐蚀作用，造成土壤和湖泊酸化，影响植物和鱼类生长。

社会环境

在自然环境的基础上，人类通过长期有意识的社会劳动加工和改造自然物质，所创造的物质生产体系和积累的物质文化等所形成的环境体系，被称为社会环境。它是与自然环境相对应的概念。

社会环境与人类的生产、生活极为密切。它一方面是人类精神文明和物质文明发展的标志，另一方面又随着人类文明的演进而不断地丰富和发展，所以有人把社会环境称为文化—社会环境。

对于社会环境所包含的内容，人们有不同的看法。有人将社会环境按包含的要素的性质分为：物理社会环境，包括建筑物、道路、

工厂等；生物社会环境，包括驯化、驯养的动物和植物；心理社会环境，包括人的行为、风俗习惯、法律和语言等。

社会环境的子环境应包括以下内容：生产环境，包括工业、农业等；交通环境，包括机场、港口、公路、铁路等；商业环境，包括商业区等；聚落环境，包括院落、村落、城镇等；文教环境，包括学校等；卫生环境，包括医院、疗养区等；旅游环境，包括文物古迹、风景名胜等。

在社会环境中，最主要的是聚落环境，它是人类聚居的地方，是人类活动的中心。因为聚落环境与人类的生产、生活关系最直接，是人类利用自然环境的基础，所以，聚落环境是环境保护的重点之一。对聚落环境的研究已经普遍引起了人们的关注。

环境的构成

人类的生活环境，从狭义上说，就是人类居住的地球表层。这里充满了空气、水和岩石（包括土壤）等物质。科学家把地球表

面分为 4 个圈层，即大气圈、水圈、岩石圈，以及在这 3 个圈层的交会处适宜生物生存的生物圈。这 4 个圈层主要在太阳能的作用下进行着物质循环和能量流动。在一种和谐的气氛中，自然界呈现出万物争荣、生生不息的景象。

生物圈：根据目前的认识，生物圈是在海平面以下深度约 11 千米到海平面以上十几千米（空气对流层范围和一小部分平流层）的范围内。生物圈通常分为 3 层，上层是大气圈的一部分，中层是水圈，下层是岩石圈的一部分。这 3 层构成了地球上生命活动的主要阵地。

大气圈：地球的外围是一层空气，叫大气层。它的范围大致在地球表面以上 1000 多千米以内。再往上就是宇宙空间了。

大气圈又可分为：对流层、平流层、中间层、热层和外层。从地面往上 10 ~ 20 千米的一层空气，叫作对流层。在对流层里，正常的空气温度越往上越低，下面的热空气和上面的冷空气在不停地发生着对流运动，发生着云、雾、雨、雪、雹、雷、电等天气现象。这一层与人类生活的关系最为密切。

宇宙环境

宇宙环境，也有人称之为空间环境，即大气圈层以外的环境。这是人类活动进入大气层以外的空间和附近的天体以来提出的新概念。

宇宙环境由广漠的空间和存在其中的各种天体，以及弥漫物质组成。宇宙环境与人类生活的地球环境差异很大。地球周围笼罩着密集的大气，而行星际空间则几乎是真空的。

宇宙环境对地球上人类生存的影响很大。在航天事业比较发达的今天，人类进入宇宙环境进行探索。宇宙飞船在太空中飞行时，人体在失重的情况下，会呼吸困难，血液循环减弱，并可能精神失常，甚至死亡。当宇宙飞船进入轨道后，人在失重状态下，不能自由支配自己的行动。如果人的神经系统失去平衡，就会造成操作错误。在失重影响下，尿中钙含量增高。宇宙空间没有空气，声音不能传播，即使两个人相距很近，也不能对话。宇宙环境缺氧、低压，充满各种高能宇宙射线，对宇航员身体有害，所以宇航员必须穿宇航服。宇宙空间死一般寂静，

毫无生气，这同从地面上观察的太空星象是迥然不同的。

探索宇宙环境，其目的之一是了解宇宙，便于人类向太空发展。另外，就是掌握宇宙环境对人类的影响，以便设法消除或减轻宇宙环境灾害。

地理环境

中国的地理环境，是指环绕中国社会的自然条件，包括中国的地理位置以及中国国土范围内的土壤、山林、地下矿藏、水资源、动物、植物等。同世界各国相比，中国的地理环境有以下特点：

规模宏大。国土面积居世界第三位，有以大兴安岭、天山等为代表的宏大的山系，以长江、黄河为代表的流域广阔的水系，有漫长的海岸线和辽阔的领海。

因素众多。我们拥有世界上最多的山系和水系，拥有世界上大部分种类的资源。热带、亚热带、温带、亚寒带四种气候带并存于中国。

结构复杂。不单中国的地形结构是世界上最复杂的，中国的气象结构、生态结构、资源分布结构万象纷呈，由此构成的中国地理环境大系统的结构也极为复杂。

功能独特。中国的地理环境是一个独一无二的特殊系统。这种特殊的地理环境，决定着中国社会生产力的发展具有中国自身的一系列特征。

由于中国历史悠久，开发较早，特别是人口负荷越来越大，经济活动总量日益扩展，加之长期以来对遵循自然生态规律进行开发建设的问题重视不够，人为的破坏和自然的退化交织叠加，导致了

严重的自然环境问题。全国因生态破坏造成的损失，主要有七个方面：森林资源严重不足、逐年锐减；草地退化严重；野生动植物减少，物种濒危面扩大；水土流失；沙漠化威胁，中国已有 30 多万平方千米的土地受到沙漠化威胁；耕地萎缩，地力下降，污染严重；自然灾害增加，农村环境日益恶化。

　　保护我们环境的时候到了，亟待有效措施出台。

全球环境

全球环境，又叫地球环境。它的范围包括岩石（土壤）圈、生物圈、水圈和大气圈的对流层，以及平流层的下部。这个广大的空间，是人类生活和生物栖息繁衍的地方，是人类索取资源（空气、水、土壤、矿产等）的场所，也是受到人类改造和冲击的空间。现

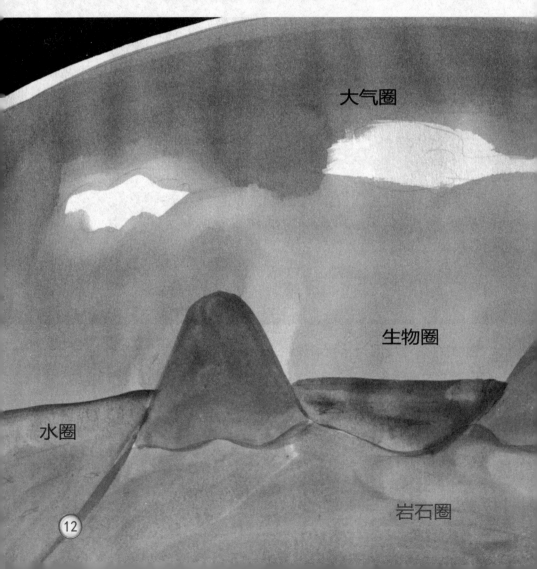

大气圈

生物圈

水圈

岩石圈

在全球环境已经面临威胁，主要表现在以下方面：

臭氧层的削弱。在距地面 30～50 千米的平流层内，有一条含臭氧（O_3）较多的层带，太阳辐射的紫外线绝大部分被它所吸收，从而保护了地球上的生物。可是，半个世纪以来，超声速飞机大量在平流层飞行，排出的硝酸盐和硫酸盐同臭氧化合，消耗臭氧，削弱了臭氧层对地球生物的保护作用。

全球气温升高。在对流层中的二氧化碳气体，对大气起保温作用。如果大气中二氧化碳气体异常增多，就会导致地表的热量无法向空中散发，造成气温升高；当然，大气中二氧化碳气体异常减少，也会造成气温下降。

生态系统失调。自然界中的动物、植物和微生物都是互相依存的。由各种动物、绿色植物、各种微生物和自然环境因素共同组成的动态平衡系统，称为生态系统。生态系统是一个物质循环和能量转化的动态系统，具有一种自我调节动力，并达到一种相对平衡状态，称为生态平衡。当外力介入生态系统后，原有的平衡状态就会被破坏，系统经动荡调节后达成新的平衡或崩溃。

海洋的污染。海洋环境具有全球性特征。当前海面受到石油污染，入海河流、海上船只、沿海港口对海洋的污染严重，赤潮多次多地发生，海水中浮游生物的生命遭到严重威胁。

人类和环境系统

从人类历史来看，人类对环境系统的影响是很明显的，同时环境系统对人类影响的反馈，也是显而易见的。

随着劳动工具的改进，特别是火的发现和利用，人类开始对环境产生重大影响。科学家们认为，在更新世时期，许多大型哺乳动物的灭绝与人类的滥捕乱杀有关；撒哈拉沙漠在冰期后面积增大了，研究认为这与过度放牧有关；有人认为，非洲稀树草原也可能与原始人年复一年纵火烧荒有关。

当前人类活动所引起的全球性环境影响主要有下列一些方面：

天然生态系统的逐渐消失，取而代之的是人为的农业生态系统。少数几种作物代替多样化植被。野生动物大量灭绝，生态系统

简化。人类越来越借助化肥和农药来维持农业生态系统的稳定，给生态系统带来严重后果。

城市的增多和扩大，工业交通的发展，使农业用地面积逐渐缩小，环境污染日趋严重。

土地利用不合理，加剧了土壤侵蚀，土壤肥力下降。全世界沙漠化土地面积在不断扩大，随着热带雨林面积的减少，全球气候将发生重大变化。

矿物燃料的燃烧和森林的减少，使大气层中二氧化碳含量正在增多，将产生难以预料的气候变化。

人类对地壳内部金属矿产的开采、利用和弃置，最终将造成这些金属元素在地表环境中的浓度增加。这些金属元素有不少对有机体是有毒的，如汞、镉、铅等，它们通过食物链危害生态系统。

环境效应

由于自然环境的演变，或者人类活动引起环境发生变化，都称为环境效应。无论是自然环境的演变，或者是人为的环境变化，最终都会使环境在生物、化学和物理方面发生改变，这就是环境生物效应、环境化学效应、环境物理效应。

环境生物效应：当环境发生变异之后，导致生态系统也发生变异。例如，现代大型水利工程的修建，使江河中的鱼、虾、蟹的洄游途径被切断了，使它们的繁殖受到影响。长江葛洲坝水电站建成后，阻止了中华鲟的洄游，中华鲟不能洄游产卵了。

生物效应引起的后果有急性的和慢性的两种。急性的如某种细菌传播引起疾病的流行。慢性的如由汞污染引起的水俣病和由镉污染引起的痛痛病，都是经过几十年才出现的。

环境化学效应：在各种环境条件的影响下，物质之间的化学反应所引起的环境效果，如环境的酸化、土壤的盐碱化、地下水硬度的升高、光化学烟雾的发生等。

环境物理效应：由物理作用引起的环境效果，如热岛效应、温室效应、噪声、地面沉降等。城市和工业区因燃料的燃烧放出大量的热量，再加上建筑群和街道的辐射热量，致使城市的气温高于周围地带，产生热岛效应。大气中二氧化碳含量不断增加，大量吸收红外线，导致地表的热量无法向空中散发，造成温度升高，形成温室效应。

环境污染

当前，人类面对的大敌，就是自然环境受到污染，人们呼吸的空气被污染了，江河湖海的水被污染了，土地也被污染了。人们在污染的环境中艰难地生活着。

环境污染的种类很多：

从污染影响的范围大小来说，有点源污染、面源污染、区域污染、全球污染等。

从被污染的客体来说，有大气污染、水体污染、土壤污染、食品污染等。

从污染影响的程度来说，有轻度污染、中度污染、重度污染、严重污染等。

污染环境的污染物很多：

从污染物的性质看，污染物可分为反应污染物质和非反应污染物质两大类。介入环境中的反应污染物，在诸多因素的作用与影响下，发生理化或生化等化学反应，生成比原来毒性更强的新的污染物质，所生成的污染物质叫作二次污染物，如大气中的污染物受阳光照射，生成的光化学烟雾；大气中的二氧化硫、氮氧化物和雨水混合生成的酸雨；汞及其化合物生成的甲基汞等。

按污染物的产生原因，污染物可分自然污染物和人工污染物两类。自然污染物，如岩石中所含的汞、镉、铅、硒、放射性元素，在地壳变动过程中（如岩层断裂、地震、风化剥蚀露出地表等）释放出来，造成大气、土壤、水体等污染；人工污染物则是在人类的生产、生活活动中产生的，如废水、废气、废渣、垃圾所含的各种化学物质。

环境污染

什么是环境污染呢？在环境学中是这样说的：介入环境中的污染物，超过了环境容量，使环境丧失了自净能力，污染物在环境中积聚，使生态平衡遭到破坏，导致环境特征的改变或对原有用途产生一定的不良影响，从而直接地或间接地对人体健康（包括病理、生理、遗传、致畸、致突变等）或生产、生活活动产生一定危害或影响的现象，就叫作环境污染。

第二章
宇宙环境

人类的家园——地球，是宇宙中一颗小小的星球。地球是太阳系中的一颗中等行星。在这个家族中有一颗恒星，就是太阳；有八大行星，分别是水星、金星、地球、火星、木星、土星、天王星、海王星。太阳系是银河系边缘上的一个星团，在银河系里拥有像太阳般的恒星1400亿颗。银河系在无边无际的宇宙空间中，也只是小小的一部分。

太阳的周期活动
与灾害周期

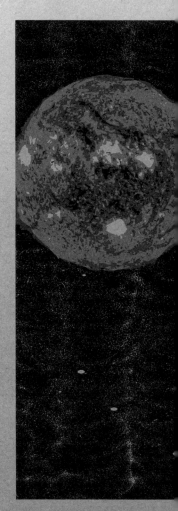

太阳黑子活动，以及黑子活动引起的风暴，平均每隔11年就会出现一个高潮。太阳黑子和耀斑的频繁爆发给人类生存空间环境带来明显的影响，不但产生了多次的地磁暴和极光，而且还抛出了大量高能带电粒子流，严重干扰电离层，使得地球上不少地区的无线电短波通信突然中断，人造地球卫星的运行和工作会受到干扰。在高纬度地区，由于极光所产生的强大电流在输电线路上集结而产生强烈的电冲击，能够摧毁输电变压器材而导致大范围地区的供电中断。

其实，地球上的很多自然现象，与它宇宙环境有着密切的关系，所以越来越多的科学家把自己的注意力延伸到地球以外的宇宙，地球上很多自然现象变化的周期也恰好是11年左右。

中国于1966年3月，发生过河北邢台大地震，而10年以后的1976年7月，发生了河北唐山大地震。邢台和唐山同属太行山麓—渤海沿岸地震区。从中国和世界上许多国家看，地震强弱和次数多少有一个11年左右的周期性，这是因为在太阳黑子出现多的年份，太阳活动增强，电磁辐射剧烈增加，某些地区的地壳吸收大量电磁波并转化为热能而触发地震。

　　树木的年轮间距也有一定的规律，即每隔11轮左右就有一个明显变化，表明太阳活动与生物生长有关。太阳黑子较多的年份，生物生长增快，树木的年轮间距就较大。

　　医学家把疾病出现频繁的年份，叫疾病暴发年。大约间隔11年，世界上会出现一次疾病暴发年。

天体引力下的潮汐现象

凡是到过海边的人，都会想要看一看壮观的海潮：碧波粼粼的海水，卷起巨大的波涛，向岸边奔腾而来，数小时内，海水面竟涨到好几米高。又是数小时后，海水退离海岸很远很远，海边露出

黄澄澄的沙滩。海水一会儿上涨，一会儿下落的现象，就是人们常说的海水的潮汐，也叫液体潮。

随着科学的发展，人们对地球、月球和太阳之间的关系有了更深刻的认识。地球、月球和太阳都是宇宙中的一员，它们之间的互有引力，称之为"万有引力"。由于万有引力的约束，地球、月球和太阳有条不紊地沿着一定轨道运动着。月球和太阳对地球的吸引

力，再加上地球自转的离心力，就使地球上的气、液、固体，以及生物都会受到影响。这种力量称为引潮力。从质量来说，太阳引潮力是月球的2700万倍以上，但从距离来说，月球引潮力是太阳的5900万倍，即月球的引潮力比太阳的引潮力大一倍多，两者之比约为1：0.46。月球对海水的最大引潮力可使海水升高0.563米，太阳的最大引潮力可使海水升高0.246米。当月球、太阳在一条直线上时（每月的初一、十五日），两者引潮力的合力最大，潮差约为0.8米。此时，地球上所有物体都有较明显的潮汐现象。除液体潮外，还有固体潮、气体潮和生物潮。

地球的创伤

宇航员在太空用天文望远镜回望地球时，发现地球表面有许多伤痕。人们从航天器发回的大量地球照片上，也清楚地发现，地球表面上有一种像一个个巨大的运动场、洗澡盆的地形。它中央是一块平地或稍微凸起的山丘，四周高起成山，呈环形分布，人们称它环形山。山的内壁陡峭，外缘较缓，高度为 300 ～ 700 米。环形山规模大小不一，有的直径大于 100 千米，有的只有几米。从太空看来，这些环形山就像夏天冰雹打在软泥上的雹痕一样，都是一个一个圆坑。

1972 年，有人在欧洲和澳大利亚发现了 10 个环形山，形状多呈圆形或椭圆形，最大的直径在 40 千米以上，小的直径只有 2 千米。有的被水充填，水深达 30 ～ 35 米，构成了现代湖泊。就全球范围来说，这种环形山已发现 100 多个了。其中有 40 个保存完整，另外 30 多个已被风化侵蚀，周壁和中央丘只依稀可见了。

地球从它诞生的那天起，已经有 46 亿年的历史了。在这漫长的岁月里，太阳系内的流星、彗星和小行星等天体，不断地向地球飞来，以其巨大的体积、重量，以及宇宙速度撞击着地球表面。一颗直径几千米、几十千米，甚至几百千米的陨石，对地面的冲击力是难以想象的，其威力巨大。

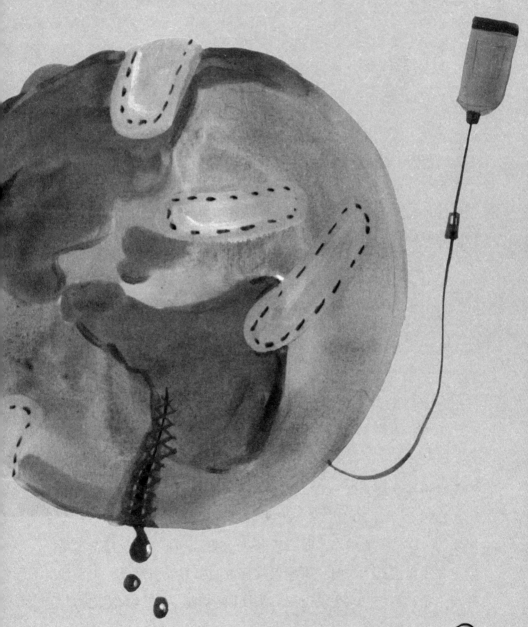

地球会有"太空之吻"吗

据资料记载，20世纪曾发生过两次小天体偷袭地球的情况。

1908年6月30日早晨7时17分，一颗比太阳更耀眼的大火球在俄罗斯西伯利亚通古斯上空8千米处爆炸，爆炸当量相当于600多颗广岛原子弹，虽无明显的放射性辐射，但其强大的冲击波与高温大火，顷刻之间便摧毁了约2000平方千米的森林。据计算得出，它是由一颗直径60米的小行星与地球相撞产生的。

1972年8月10日，一颗火球飞越美国加州和加拿大西部上空后离开了地球。不少目击者听到了它从58千米上空传来的隆隆声响，美国空间红外探测器也记录了这一事件。后来得知，作祟的不过是直径为10米、质量为几千吨的小行星。但倘若这颗擦着地球的小行星落下来，爆炸当量也相当于至少2～3颗广岛原子弹。

1994年7月20日，人类有史以来观测到太阳系的一次最大的爆炸，即"苏梅克—利维9号"彗星撞击木星。当这颗彗星接近木星时，木星以其强大的引力吸引彗星，于是彗星冲向木星，不惜以"香消玉殒"来换取一串迷人的"太空之吻"。

对此，不少人暗自祈祷，希望地球的"魅力"不要像木星这样大，近地小行星也不要像"苏梅克—利维9号"这般"痴情"才好。今后地球是否会有与此相似的遭遇呢？

威胁人类生存的天灾

宇宙环境给地球带来了勃勃生机，然而也带来了威胁人类生存的天灾。

小行星撞地球。近年来，一些天文事件添加了人们对天体的几分恐慌。特别是 1994 年 7 月"彗木相撞"惊险的一幕，更让人忧心忡忡：彗星或小行星与地球是否也会上演那一幕。据考证，彗星或小行星撞击地球的确曾发生过，地球至今还保留的陨石坑就有上千个之多，但都是在有人类之前发生的。天文学家认为，在火星和木星轨道之间，运行着数十万颗小行星，其中一小部分是与地球轨道相切的所谓近地小行星，这些行星万一飞临地球也属难免。

伽马射线。科学家们最近发现，伽马射线辐射来自遥远的河外星系，其能量深不可测，可能是两个恒星崩溃重新组合造成的。在巨变之前，是无法探测到其后果的。一旦发生，射线会使大气层变热，产生氮氧化物，破坏臭氧层。

宇宙射线对宇宙飞船、人造卫星和地球环境带来的危害不乏其例。1989年，美国的"太克斯"号卫

星受"高能粒子雨"的阻碍和破坏，每天下坠0.8千米左右，最后进入大气层被烧毁。

太阳风暴。如1989年10月19日，太阳系发生了一次特大的质子大爆发，使200多颗人造卫星同时出现不同程度的故障；1991年3月31日，太阳黑子的爆发导致中国一些地区的短波通信中断。

黑洞。据科学家预测，银河系大约有100万个黑洞，这些物体像其他星星一样运行。当黑洞贴近我们时，我们并不能得到警报。

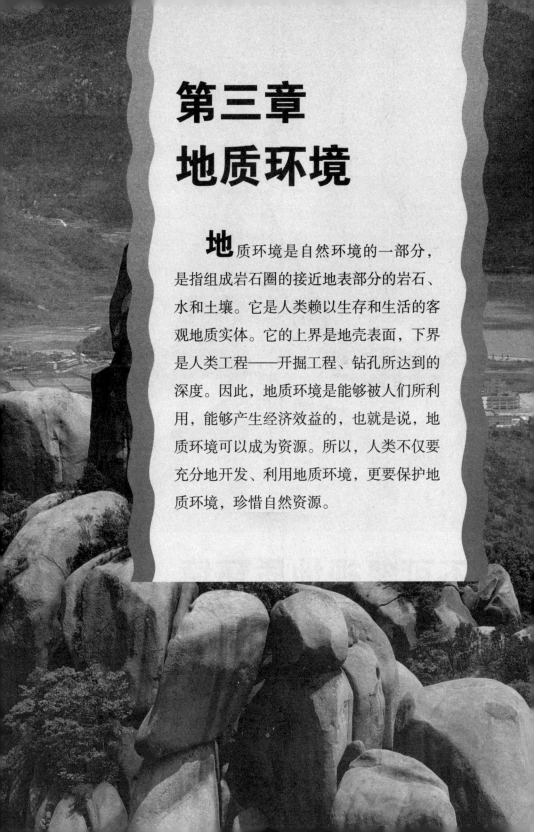

第三章
地质环境

地质环境是自然环境的一部分，是指组成岩石圈的接近地表部分的岩石、水和土壤。它是人类赖以生存和生活的客观地质实体。它的上界是地壳表面，下界是人类工程——开掘工程、钻孔所达到的深度。因此，地质环境是能够被人们所利用，能够产生经济效益的，也就是说，地质环境可以成为资源。所以，人类不仅要充分地开发、利用地质环境，更要保护地质环境，珍惜自然资源。

不可忽视地质环境

地质环境学是一门新兴的学科，它是环境科学的一个分支。它专门研究地质营力，包括各种力量（内力和外力地质作用）造成的自然环境，例如，处于印度板块和欧亚板块之间的喜马拉雅山的升起对大气循环的影响，岩浆活动、火山喷发、地震等对人类环境的影响，还有外力地质作用对环境的影响等。

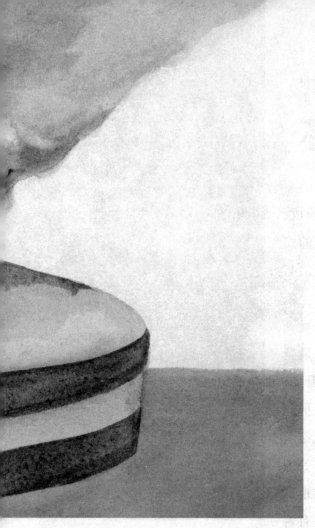

造就和改变自然环境的基本动力是各种内、外地质营力。我们今天所见到的高山、盆地、平原和丘陵，正是亿万年来各种地质作用的结果。岩浆活动、火山喷发、构造变动、地震活动、风沙运动、河湖冲积，或许是瞬息间就发生的（如地震、火山），或许是数十万年才能完成的（如造山运动），它们都不以人们的意志为转移，而按照地质发展规律发生着。

在我们的一生中，我们只能看到一些短暂的地质事件，就连冰川移动、三角洲增长、风沙黄土堆积这样一些从地质历史上来讲极其短暂的事件，也因为其时间太长而难以完全感受到。从这个意义上来说，我们今天所依存的是一个在地质历史中形成的并继续受各种地质作用影响和制约的环境，它远远超出我们所指的生物圈和某些非生物圈层的范畴。这就是我们要说的地质环境的最基本的含义。

从根本上来说，地质灾害源于自然，但它的发生往往与人类活动有关，并对人类生产、生活构成危害或威胁。

地质环境对城市的破坏

每座城市都有一部形成、发展、衰落、破坏、迁徙的演变史。城市的兴衰有其政治与社会因素，但在很大程度上依赖着自然因素，而地质环境则是众多自然因素的基础。最新地质构造运动引起的地面升降、地壳形变、河道变迁、地形地貌演变，地震、火山、地裂、滑坡、泥石流、地面塌陷等地质作用以及水资源条件和地球化学环境，都对城市发展有着重要的影响。

举世闻名的意大利维苏威火山在爆发时，将它附近的庞贝等三座城市全淹没了，2000多人丧失了生命。直到1713年，当地一个农民挖井，在6米深处挖到了古城址。到1748年全面挖掘，1960年基本完成，这时，被火山灰砾湮没近2000年的古城，才重见天日，显现雄姿。

1976年，中国唐山市发生一次大地震，24万人死亡，城市毁于一旦，变成一堆废墟瓦砾，后来异地重新修建了新的唐山市。1995年，

日本神户发生强烈地震，使高楼林立的城市在顷刻之间变成了一个巨大的瓦砾堆，伤亡数万人，仅次于1923年的关东大地震。

2008年5月12日，四川汶川发生8级地震，造成汶川、北川等县级城市的严重破坏，房屋倒塌，变成了一片废墟，后来重新选址，在异地重建县城。这次大地震还造成了山区房屋的严重破坏，山谷中形成了数十个堰塞湖，对自然环境造成了极其严重的破坏。

中国是世界文明古国之一。翻开中国古代城市历史，不难发现许多城市的兴衰与地质环境的关系甚为密切。

地质环境与城市建设

美国学者麦考斯曾经说过："城市是人类开创和控制其栖息环境变化的能力的突出表现。"

在城市发展中，由于人类工程的过度实施，已引起城市地质环

境的恶劣变化，例如：因城市超量开采地下水，造成地面沉降、地面塌陷和咸水入侵等地质环境问题相当严重。日本一些城市地面下沉量为每年 19～33 厘米。美国地面下沉最著名的加州地区，每年下沉约 6.4 厘米，纽约近 15.2 厘米。1968 年，水城威尼斯市（意大利）的地面下沉几乎导致圣马可教堂崩裂。此外，俄罗斯的莫斯科、格鲁吉亚的第比利斯、英国的伦敦、泰国的曼谷，以及墨西哥城等，都有地面沉降的报道。中国的上海、天津、西安、太原等 30 多个城市，地面沉降问题日益严重。

许多城市严重缺水。拥有 1000 万人口的印尼雅加达市，每天只能供应一半人口所需的用水；孟加拉国、印度及巴基斯坦等国，大量抽取地下水可能导致地下水的枯竭；印尼各大城市由于对地下水的过度开采，使地下水面临枯竭。

地质环境与农业

农业环境从根本上来讲，是离不开地质环境的。从大的范围来说，如喜马拉雅造山运动，把喜马拉雅山脉抬高，造成南北两个截然不同的作物生长环境；秦岭山脉把中国分成了南北明显不同的农业环境。从小的范围来说，四川盆地、汉中盆地、吐鲁番盆地等，由于其地质作用和地质环境的不同，它们的农业环境也不一样。今

天的大平原也是由地质历史上的冲积、洪积等作用造成的，从"宜农"这个角度来说，它也有区别于山地、丘陵的显著特点。

在同一农业地质环境中，由于地质背景不同，农作物的生长条件也不一样，如花岗岩地区（多形成酸性土壤）与石灰岩地区（多形成碱性土壤），所适宜的农作物不一样；在变质岩地区与火山岩地区所适宜的农作物也不一样。

据报道，美国农业之所以获得如此惊人的成就，其中主要原因是，在查明农业地质背景的基础上，科学地、合理地、有计划地对

不同地层的土地充分开发利用，以发挥其最佳经济效益。再如中国四川省，在对重要棉区的地质背景进行全面而深入的研究后，发现适宜种棉最佳的是侏罗纪蓬莱组地层的土地；云南省查明云烟生长最佳地质背景是元古代含钾高的昆阳群地层的土地；辽宁省的苹果宜种于片麻岩区；吉林的人参宜种于含硼岩系地层的土地。

地质灾害的危害

地质灾害的种类多，分布面广，影响大。地质灾害给农业生产、交通运输、城乡人民生活和资源开发带来了极为不利的影响。

农业生产。中国是农业大国，地质灾害频繁发生，农业资源损失巨大。频繁的崩塌、滑坡、泥石流和地面塌陷、地裂缝等灾害，也使土地遭受破坏，导致区域性生态环境恶化，直接影响农业生产并诱发其他灾害。

交通运输。交通建设投资大、周期长、维护费用大。在中国，70%的交通建设工程分布在山区和高原地区，这里是地质灾害的重灾区。特别是西南、西北地区，铁路和公路干线经常受

到崩塌、滑坡、泥石流、塌陷等灾害侵袭而被迫中断。宝成铁路沿线有崩塌、滑坡900多处，泥石流沟155条，1981年因地质灾害而中断交通时间达两个月之久，用于灾害治理的费用达3亿多元。

城镇建设和人民生命安全。中国人口众多，近年来，人口密集的城镇迅速发展，这些地区一旦发生地质灾害，破坏性极大，将造成人员的重大伤亡。

资源开发和重要的基本建设工程。经济建设对各种资源的需求量巨大。特别是矿产资源和地下水资源的开采巨大，直接形成对地质体的破坏，诱发各种地质灾害。

近年来，中国地质灾害有发展的趋势，次数明显增多，灾害所造成的损失日趋严重，各种灾害类型明显增加，分布面积不断扩大。

地气与灾害

地球内部存在液体（如岩石中的水分、岩浆等）、气体（水蒸气、硫黄气、硫化氢气、二氧化碳气、一氧化碳气、甲烷气等）。地球在46亿年的历程中，每时每刻都在不停顿地排放着气体。这些气体对地球表面环境产生了不可估量的影响。

地气在流动和排放过程中，可给人类、动物和植物带来种种灾害。例如，岩浆运动可造成地壳变动和有害气体挥发；火山喷发时，喷出的硫化氢气、一氧化碳气，以及其他毒气，对人类和所有生物都会造成危害。

但由于绝大多数地气是无色无味的，而且气体本身又具有很强的扩散和迁移性，因此，地气常常表现得来无踪去无影，再加上地气灾害常常被地震、火山爆发这类地质灾害所掩盖，使地气灾害有极强的隐蔽性。

例如，堪察加的死谷和喀麦隆的杀人湖，长期以来困惑着人们，经过调查，那飘在死谷和湖泊上空的蓝色气体，就是地气，是由火山喷出的毒气，其成分是硫化氢、一氧化碳。这些气体长期飘浮在低空中，人或牲畜一旦进谷区和湖区，都会窒息而死。

还有一些神秘的自然现象，如百慕大海域的

飞机、船舶失踪，经调查分析，可能是该海域海底浅层的天然气水化物所引起的致使飞机失事。

地质环境对环境的破坏

火山爆发，对气候有些什么影响呢？

火山喷出物的热效应。大量的火山物质喷出地表后，急骤冷却，放出大量的热能，导致周围地区的气温在短时间内骤然递增。但是，

这种热效应是极其微小的，不足以引起全球性的气候异变。

火山的"阳伞效应"。火山喷发之后，火山灰往往能进入高空大气中，越过对流层，达到平流层底部。其中，小部分在上升过程中随着雨或雪落回到地面，大部分则长期悬浮在空中，成为气溶胶。这些气溶胶在大气环流的影响下，逐渐形成一个包围在地球外围的薄膜。气溶胶对太阳光有散射作用，这种作用减少了太阳辐射到地面的热量，从而导致全球性的气温递减。

火山气体的"温室效应"。伴随着火山灰升入高空的同时，也有大量火山气体，如二氧化碳、氮气及水汽等，进入大气层，二氧化碳对太阳光虽无散射作用，但能阻止地表的热量散失，其结果将导致地球气温升高。

"温室效应"使地球气温升高，而"阳伞效应"却导致气温下降，那么，火山活动到底使地球气候朝哪个方向异变呢？

从单纯的火山活动来看，"阳伞效应"的作用比较明显，频繁的火山活动有可能导致地球进入一个冰期。

火山活动引起气候变冷，已为许多事实所证明。如20世纪初，克拉卡托火山、帕累火山和卡特迈火山的爆发，使太阳辐射量比正常值降低10%～20%，造成了全球大幅度降温。

地壳的震动

地壳的震动是一种自然地质灾害。在地球上，天天都有地震发生，而且一天要发生 1 万多次。全世界每年发生地震约 500 万次，其中大部分是人们不易察觉的小地震，人们能够感觉到的地震约 5 万次，占总数的 1%。

无破坏性的地震发生时，人们常常听到窗户玻璃受震发出响声、看到屋内器皿摇晃，甚至翻倒等现象。强烈地震就会使房屋倒塌、山崩地裂、河道堵塞，人们可听到像打雷一般的声响，地面强烈摇晃、上下颠簸，人站立不稳。

地震除直接给人类带来灾害外，往往同时造成火灾或水灾。例如，2008 年 5 月 12 日四川汶川、北川一带发生 8 级地震，同时发生山体滑坡、泥石流，交通中断，河流阻塞，房屋倒塌，8 万多人死亡，伤数 10 万人，是严重的地质灾害。

地震不仅发生在大陆上，在海洋底部往往也会发生，称为海震。海震发生时，因海底地层或岩石突然破裂，或发生相对位移，一方面带动覆盖其上的海水突然升降或水

平位移，另一方面主要是由破裂处发生的地震波，特别是纵波和表面波的强烈冲击，像炮弹一般由地下轰击水底，从而导致水体剧烈振动和涌起，形成狂涛巨浪，以猛烈的力量冲向四周。这种由地震引起的海浪的剧烈运动现象，称为海啸。1960 年 5 月 22 日，智利海边发生 8.5 级大地震，由于海底断裂活动，造成了巨大的海啸，海水震荡传播到太平洋各地，5 月 23 日海浪冲至夏威夷希洛湾，推起 10 米多高的浪墙，摧毁了岸上的各种设施，死伤 200 多人，沉船 109 艘。

地震的全球分布

世界上有两大地震带，就是环太平洋地震带和欧亚地震带，绝大部分地震都发生在这两个带上。

展开地震震中分布图，可明显看到的是环太平洋的地震带。标志强震的圆圈密密匝匝地延伸开去。环太平洋地震带的面积占世界地震区总面积的1/2，在这里集中了全世界80%的浅源地震，90%的中深源地震和几乎全部的深源地震，所释放的地震能量约占全球的75%。

另一个地震带是欧亚地震带。从大西洋上的亚速尔群岛开始，向西与大西洋海岭相连，向东过摩洛哥、阿尔及利亚北部，沿地中海三大半岛——伊比利亚、亚平宁、巴尔干半岛分布。

　　再经东地中海，沿黑海、里海、小亚细亚半岛，至伊朗山区、阿富汗、巴基斯坦，再转东南沿喜马拉雅山脉，至印度北部、中国西部和西南部边境地区，过缅甸，后经马来半岛、苏门答腊岛西侧，成弧形分布，于班达海以东的伊里安岛一带，与环太平洋地震带交会在一起。这条地震带大体呈东西向延伸，全长 2 万多千米。

　　这一地震带上的地震所释放的能量占全球的 20%，除环太平洋地震带外，几乎所有中源地震和大的浅源地震都发生在这一带上。

　　另外，沿大西洋、印度洋、太平洋东部和北冰洋主要海底山脉（即海岭）、大陆裂谷系，如非洲东部、红海、亚丁海、死海和贝加尔湖地区，以及欧洲的莱茵和太平洋中的夏威夷群岛等，也有一定的地震分布，只是地震活动较前两带要弱一些。

地震诱发的地质灾害

地震诱发的地质灾害，不仅分布广，类型多，危害大，同时具有明显的区域性。在地震诱发的地质灾害中，以崩塌、滑坡、泥石流、地裂缝、地面塌陷、井水干枯、水质恶化、泉水断流、矿井涌水、河流改道等最常见，而且最为严重。

斜坡重力破坏（崩塌、滑坡、泥石流）是山区地震诱发的严重地质灾害。中国西南山地，山高陡峻，冲沟发达，岩层破碎，风化强烈，大面积斜坡重力破坏是震区的主要破坏形式。例如，1976年云南龙陵7.4级地震发生时，震区的花岗岩风化岩体表层发生大规模滑塌，骤然倾泻的大量滑塌物摧毁和破坏了地面工程设施、农田和房屋。在震中金竹坪一带，滑塌物顷刻间呈现出奇异的地貌景观。

1974年云南昭通7.1级地震，发生在以石灰岩、玄武岩为主的山区，地震诱发的巨大崩塌滑坡和滚石十分严重，大量崩塌物堵塞了河流，形成高出河流的堤坝，形成地震湖，使震区呈现出又一种

独特的地貌景观。

东部冲积平原和滨海平原，广泛分布着巨厚的第四纪沉积层，大面积地基失效及与其相伴生的各种地面破坏是震区的主要破坏形式。例如，1966 年邢台 7.2 级地震、1975 年海城 7.3 级地震和 1976 年唐山 7.8 级地震发生时，分别在第四纪全新世饱水松散冲积沙层十分发育的滏阳河古宁晋泊湖积冲积洼地、下辽河滨海平原和滦河冲积洪积平原，产生了广泛、严重的沙土液化，并引起大量地面沉陷、开裂、积水、滑移和喷砂冒水等地面破坏。

地震与
次生环境灾害

说到地震造成的次生环境灾害，我们不免会想到 1976 年 7 月 28 日的唐山地震，这次震级为 7.8 级的地震，使偌大个唐山市成为一片废墟，死亡人数达 24 万多人，6 万人重伤，36 万人轻伤。唐山市民回忆说："我一下子就被捂住啦，我俩儿子就挖，把我挖出来了。地震以后就是一片废墟，什么都没啦。"

地震引起的次生灾害之一，就是建筑物的坍塌、破坏，危及生命安全，引起财产的严重损失。

1976 年的唐山地震，不仅使城市夷为平地，而且也造成严重的环境污染。唐山地震时被埋在废墟下面的幸存者说，他被埋压在下面的时候，有一定的空间，也就是他能够生存一段时间，但由于地下粉尘太多，堵住了他的呼吸道、鼻子、嘴、口腔，呼吸只能进不能出，粉尘阻塞了呼吸道，就容易窒息。这种窒息伤亡引起的死

亡在地震伤亡比例中是比较高的。

地震与环境灾难是紧密联系在一起的。地震发生后会引发"灾害链"，可以说，地震发生后，不仅会发生滑坡、泥石流，而且还会把河流堵塞，形成地震堰塞湖，淹没农田，污染湖泊，污染地下水。更有甚者，地震发生后如果不及时处理灾区的环境卫生，则会很快引起瘟疫等疾病的流行。

滑坡的危害

"**滑**坡"，顾名思义是指滑动了的山坡，确切地说就是大量的岩体和土体在重力作用下，沿一定的滑动面作整体下滑的现象。在中国的一些地区，把这种现象叫"垮山"或"地滑"，也有叫"走山"的。

滑坡是自然界中常见的灾害之一，它像地震、火山、泥石流等自然灾害一样，给人民的生命财产和国家建设事业带来极大的危害。

据文献报道，瑞士曾有 5000 多人丧生于滑坡之中。捷克 1962 年普查有近 1 万个滑坡，共毁坏 350 平方千米的耕地，135 平方千米的森林。1958 年日本调查了 5584 个滑坡，平均每年有 400 平方千米的土地、7.89 万间住房受到滑坡的危害。20 世纪 80 年代初，意大利瓦扬水库蓄水不久产生的滑坡，使近 3 亿立方米的岩体以每秒 25～30 米的速度下滑，5000 万立方米的水被挤出，激起 250 米高的巨大涌浪，毁坏下游一座城市及数个小镇，死亡人数达 3000 多人。

1983 年 3 月 7 日下午 5 时 40 分，中国甘肃省东乡族自治县的洒勒山南坡，突然发出一声"轰隆"巨响，亮起一道耀眼的闪光，1700 米宽的巨大山体，带着刺耳的呼啸声，迅速向山下滑泻，数千万立方米的黄土沙石，以每秒30米的高速度扑向山脚。顷刻间，方圆3千米的新庄、若顺、达浪和洒勒4个村庄，全被覆埋。正在田间劳动和忙于家务的237名东乡族男女老幼，被活活地埋进了厚达20多米的黄土层中，另有22人被土浪高高掀起，摔到1千米外的地方。

泥土和石块的流动

一场倾盆大雨之后，山坡和沟谷中的泥土、石块在山洪的推挤下，以不可阻挡之势，向着低洼地带咆哮而去，一泄数里或数十里，毫不留情地摧毁着公路、铁路、桥梁和房屋，在它经过的地方，留下一片滚石和黄澄澄的泥土，一片荒凉的景象，这就是泥石流和它的罪行。

泥石流是产生在沟谷中或斜坡面上的一种饱含大量泥沙、石块和巨砾的特殊山洪，是高浓度的固体和液体的混合颗粒流。它的运动过程介于山崩、滑坡和洪水之间，是各种自然因素（地质、地貌、水文、气象等）或人为因素综合作用的结果。

泥石流是介于水流和土石体滑动之间的运动现象。泥沙含量很少的泥石流，与一般的山洪差不多，

甚至难以区分；而泥沙含量很多的泥石流，又与土石滑体非常相似，没有截然的界限。当固体物质含量低，黏度小时，流体显现不规则的紊流状态；当固体物质含量高、黏性大时，流体近似塑性体，呈现有规则的层流状态，流动有一阵一阵的性质。泥石流流体很不稳定，流体性质不仅随固体物质性质、补给量与水体补给量的增减而变化，而且在运动过程中，又随着时间、地点的改变而改变。

泥石流是在松散的固体物质来源丰富和地形条件有利的前提下，通过暴雨、融雪、冰川、水体溃决等因素的激发而产生的。爆发时，混浊的泥石流体沿着陡峻的山沟，前推后拥，奔腾咆哮而下，地面为之震动，山谷有如雷鸣；冲出山口之后，在宽阔的堆积区横冲直撞，漫流遍地。由于泥石流爆发突然，运动很快，能量巨大，来势凶猛，破坏性非常强，常给山区农业、工业生产建设造成极大危害，对山区铁路、公路的危害尤为严重。

地质环境控制癌症发病率

据现代医学研究表明，癌症的致病因素往往不是单一的，癌症是由多种因素决定的。不过，人们已知80%～90%的癌症都是由环境中的致癌物质所引起的。

据美国1976年对655万例癌症患者调查，因化学因素刺激和诱发癌症的占90%。通过动物实验，目前已证实1100多种化学物质可以诱发形成肿瘤。这些化学物质一方面来自大自然，另一方面来自日益增多的人为污染源。

据调查，癌症还有一个显著的特点，就是它和其他地方病一样，具有一定的区域性分布。就中国而言，从《中华人民共和国恶性肿瘤地图集》看出，各种肿瘤也有明显的区域性分布特点。例如：胃癌，主要分布在青海、宁夏、甘肃、西藏、江苏、吉林和浙江等地区；肝癌主要分布在东南沿海一带，而其他地区较少；食道癌的典型高发区是太

行山地区的南端。

　　癌症的分区性，揭示了不同癌症受不同致癌因素分区性的客观存在所影响。造成这种客观存在，可以说主要是由于各种不同的地质环境及其派生因素作用，导致水圈、生物圈，以及大气圈里的各种化学元素含量分布的极不均一性，当某些地区出现某些化学元素含量过高或过低时，而且这些异常元素又通过"食物链"或呼吸进入人体，当这种异常值超过人体机能调节的许可范围时，就会使人体致病或致癌。

第四章
大气环境

在地球表面，覆盖着厚厚的一层大气。连续的大气组成了地球的大气圈，大气圈是地球生态最重要的组成部分，是地球母亲的美丽外衣。大气层还是地球生命的保护伞。它既能让阳光透过照射地球，又能适当地保存住地球上的热量，从而调节地球表面的温度适宜万物的生存。大气层还时刻保护着地球，使地球免遭天外物体的袭击，绝大部分天外来客——陨石等，在撞向地球时都会在到达地面之前在厚厚的大气层中因摩擦而燃烧殆尽，从而保护了地球上生命的安全。

大气层的结构

整个大气层随高度不同表现出不同的特点，分为对流层、平流层、中间层、热层和散逸层，再上面就是星际空间了。

对流层是大气的最低层，其厚度随纬度和季节而变化，气温随高度升高而递减，大约每上升 100 米，温度将降低 0.6℃。由于贴近地面的空气受地面发射出来的热量的影响而膨胀上升，上面冷空气下降，故在垂直方向上形成强烈的对流，对流层也正是因此而得名。

从对流层顶到约 50 千米的大气层为平流层。这里空气比较稳定，平流运动占显著优势，故称为平流层。平流层内，温度随高度上升而增高，下半部随高度变化较小，上半部则增高得快。

从平流层顶到 80 千米高度称为中间层。这一层空气更为稀薄，几乎没有臭氧，不能吸收能量，因此中间层的温度随高度增加而降低。中间层水气含量极少，几乎没有云层出现。

从 80 千米到约 500 千米称为热层。这一层温度随高度增加而迅速增加，层内温度很高，昼夜变化很大，热层的大气因受太阳辐射影响，温度较高，气体分子或原子大量电离，复合概率又小，形成

平流层

电离层，能导电，可以反射无线电短波。因此，人类还借助于热层实现短波无线电通信。

热层以上的大气层称为散逸层。这层空气在太阳紫外线和宇宙射线的作用下，大部分分子发生电离，使质子的含量大大超过中性氢原子的含量。散逸层的空气极为稀薄，其密度几乎与太阳密度相同，故又常被称为外大气层。

大气与生命

包围地球的空气称为大气。像鱼类生活在水中一样，我们人类生活在地球大气的底部，并且一刻也离不开大气。大气为地球生命的繁衍、人类的发展，提供了理想的环境。它的状态和变化，时时处处影响着人类的活动与生存。

大气为地球上的生物提供充足的氧气。大气是人类和其他一些生命机体时刻不可缺少的生存条件。一般成年人每天约需呼吸 1 万升空气，相当于 13.6 千克重、大约为一天食物重量的 10 倍，饮水重量的 3 倍。一个人可以几天不进食、

不喝水，如果断绝空气，几分钟就会死亡。

大气层中的臭氧层吸收了绝大多数紫外线，避免了地球上的生物受到强紫外线的伤害。紫外线可以促进人类皮肤上合成维生素D的反应，对骨组织的生成及保护起有益的作用，但紫外线B段的过量照射可以引起皮肤癌、免疫系统和眼的疾病，对动植物也有伤害。因此，臭氧层能吸收紫外线B段的紫外光，保护了地球上的生命。

大气层均匀地包住了整个地球。白天灼热的太阳发出强烈的短波辐射，大气层能让这些短波光顺利地通过并到达地球表面，使地表增温。晚上，没有了太阳辐射，地球表面向外辐射热量，这样，大气层就起到了调节地球表面温度的作用。这种作用就是大气的保温作用。

空气中的阴离子

人们都有这样的感受，在闷热的夏季来到凉爽的海滨或喷水池边时，会感到心旷神怡。雷雨之后，到屋外走一走，也会感到空气清新，呼吸舒畅，其原因是空气中的"维生素"——阴离子起的作用。

阴离子，又叫负离子或轻离子，是一种带负电荷的气体原子。这是空气在受到太阳光中的紫外线，宇宙间的宇宙线，以及水、土壤中微量放射性物质的辐射，在闪电、雷鸣、刮风、下雨等其他环境因素的影响下，放出电子，与空气中的氧、氮、二氧化碳中性分子或原子相结合而形成的带负电荷的阴离子。这种现象就是空气的离子化现象。

阴离子对人体健康极其有利，因为它有调节大脑皮层的功能，能振奋精神，消除疲劳，提高工作效率，同时能降低血压、改善睡眠。另外，空气负离子还可使脑、肝、肾的氧化过程加强，提高基础代谢率，促进上皮增生，增加机体自身修复的能力，加速创面愈合。负离子能提高免疫系统的功能，增强人的抵抗力，刺激骨髓造血功能，对贫血有一定的疗效。除此之外，空气负离子还有镇静、催眠的作用。如果我们每天吸入适量的负离子，持之以恒，对健康大有裨益：使人精力旺盛，消除疲劳和倦怠，提高工作效率；改善睡眠，消除神经衰弱；降低疾病发病率，改善心脑血管疾病的症状。

大气污染

当排入大气的有害物质超过大气的自净能力时，大气就被污染了。被污染的大气反过来对人类和环境造成巨大的危害。

大气污染就是指大气中污染物的浓度达到了有害程度的现象。它主要表现为大气中尘埃、二氧化碳、一氧化碳、氮氧化物、二氧化硫等可变组分含量的增加超过了正常空气的允许范围，从而危及生物的正常生存。

大气污染的来源有自然和人为两种：火山爆发、地震、森林火灾、海啸等产生的烟尘、有害气体、盐类等叫作自然污染源；人类的生产、生活活动形成的污染源叫作人为污染源。大气污染主要来源于

人类的活动，尤其是工业污染。

自从人类学会了用火，就开始了对大气环境的污染。后来，随着手工业的兴旺发达，炼铁、炼铜、锻造、纺织、制革、造纸等手工作坊纷纷出现，它们把大量的废气排放到空中，大气污染有所加剧。尤其是随着煤矿的开采，煤代替木炭成为工业作坊的主要燃料，对大气的污染更为严重。部分地区的污染已超过正常值，开始影响人们的正常生活与健康。在12世纪初，英国人就知道大气污染的危害。1306年，英国国会就禁止伦敦的制造商和工匠在国会开会期间燃煤。英国女王每到烟雾弥漫时，便从伦敦城内的王宫移到郊外别墅居住。

大气污染物和污染源

据不完全统计，大气圈中有数百种大气污染物，主要可分为粉尘微粒、硫化物、氧化物、氮化物、卤化物及有机化合物等。

全世界每年排入大气中的污染物总量超过 10 亿吨，其中粉尘和二氧化硫占 40%，一氧化碳占 30%。这些污染物性质各异，来源也极其复杂，按它们产生的原因，可分为自然污染源和人为污染源。

自然污染源是自然现象造成的，如火山爆发喷出大量的火山灰和

工业污染

二氧化硫气体，大风刮起地面的沙土灰尘；森林火灾产生大量的二氧化碳、二氧化硫、二氧化氮及灰尘，陨星坠落在大气层中燃烧变成尘埃和多种气体等。自然污染源很难控制，但它所造成的污染是局部的、暂时的，通常在大气污染中起次要作用。

人类生产和生活活动所造成的污染称为人为污染。人类的活动，

生活污染

尤其是近代工业的发展，向大气中排放了巨量的污染物质，其数量越来越多，种类也越来越复杂，是导致大气污染的主要因素。一般所说的大气污染问题，主要是指人为因素引起的污染。人为污染源主要分为工业污染源、生活污染源、交通污染源三类。

工业污染源，是指人类工业生产活动过程中所造成的大气污染源。

生活污染源，是指人们由于烧饭、取暖、洗浴等燃烧煤和木柴等燃料向大气排放烟尘所形成的污染源。

交通污染源，是指汽车、火车、飞机、船舶等交通工具排放尾气所形成的污染源。

交通污染

粉尘污染及其危害

粉尘是大气中为害最早、危害极大的一种污染物质，也是大气中分布广泛、分布量较多的一种大气污染物。它主要由燃烧煤和

石油引起，制造水泥和石棉，从事冶炼和炭黑等生产的工厂也都有大量的粉尘排出。

粉尘的危害是多方面的。首先，它对人体健康有很大的威胁。粉尘通过呼吸进入人体后，其中，粒径大于10微米的尘粒由于个头大，一部分被鼻腔的鼻毛遮挡，另一部分能够被截留在上呼吸道的

黏液中；而粒径小于0.5微米的飘尘由于气体扩散的作用，被黏附在上呼吸道表面，随痰排出体外；只有粒径在0.5～5微米之间的飘尘，能长驱直入，沿呼吸道直达肺细胞而沉积，这部分沉积的飘尘在肺中被溶解后，可能进入血液送往全身。如果它们在空气中悬浮时吸附上带毒的有害物质，就会造成人的血液系统的整体中毒。未被溶解的飘尘有一部分被巨噬细胞吸收，如果吸收的是带毒尘，毒尘就会杀死巨噬细胞；未被巨噬细胞吸收的飘尘，则侵入肺组织或淋巴结，引发尘肺或其他感染。

粉尘污染对植物的影响也很大，一是粉尘在空中遮挡阳光，使植物光合作用减弱，植物营养物质的生产量就会减少；二是由于粒径较大的粉尘降落地面时，有些直接覆盖在植物的叶片上，封闭了植物的呼吸孔，使植物的呼吸作用和蒸腾作用受阻，造成植物生长困难甚至死亡。

二氧化硫

二氧化硫是分布较广、危害较大的一种污染物质。几乎在有空气污染的地方，都有二氧化硫污染的存在，尤其在一些举世震惊的大气污染事件中，二氧化硫都起着十分重要的作用，如在比利时马斯河谷事件、美国多诺拉事件、伦敦烟雾事件、日本四日事件等，二氧化硫都是罪魁祸首。因此，二氧化硫有"大气污染元凶"之称。人们常以它作为大气污染的主要指标。

大气中的二氧化硫主要是由燃烧煤和石油等产生的。此外，金属冶炼厂、硫酸厂等工业企业也排放出相当数量的二氧化硫气体。一般每吨煤中含硫 5～10 千克，每吨石油中含硫 5～30 千克，这些硫在燃烧时将产生 2 倍于硫重量的二氧化硫排入大气。全世界每年排入大气中的二氧化硫达 1.5 亿吨以上，约占世界每年排入大气的污染物总量的 1/4。

二氧化硫是一种刺激性很强的无色、有恶臭气味的气体。

二氧化硫能与体内的维生素 B_1 结合，减少体内维生素 C 的合成量，影响新陈代谢。另外，二氧化硫还能抑制某些酶的活性，使糖的蛋白质代谢紊乱，影响人和其他动物的生长发育。

经常接触低浓度二氧化硫污染的人，有乏力疲倦、咽喉炎、鼻炎、支气管炎、嗅味觉障碍、硫酸盐增加等症状。

二氧化硫可以被空气氧化为三氧化硫。在有水蒸气存在时，三氧化硫很容易形成硫酸雾和硫酸盐雾，对人体危害更大。

硫化氢

硫化氢是一种无色、有臭鸡蛋味的剧毒气体，其化学性质不稳定，在空气中可氧化为二氧化硫，与空气混合燃烧时会发生爆炸。

大气中硫化氢污染的主要来源是人造纤维、煤气制造、炼焦、炼油、毛纺、硫化染料、污水处理、造纸等生产工艺及有机物腐败过程。

硫化氢的气味极易被嗅出，当它在空气中的浓度为 0.025 ～ 0.1 毫克 / 米^{3}时，就可以嗅到它的臭味，比较敏感的人甚至在其浓度达 0.000 5 毫克 / 米^{3}时就可以嗅到。硫化氢对人体十分有害，主要从呼吸道侵入人体。大气中硫化氢浓度达 0.02 毫克 / 米^{3}时，即能刺激眼黏膜，发生硫化氢眼炎，

表现为结膜充血、流泪、异物感和疼痛等。当硫化氢浓度为 0.2 ～ 0.3 毫克 / 米^{3}时，则会出现咳嗽、恶心、眩晕等刺激性症状。当浓度增至 0.3 ～ 0.7 毫克 / 米^{3}时，会出现昏迷、抽搐、痉挛，对光反应迟钝等，有时发生肺炎、肺水肿。当吸入高浓度（1 毫克 / 米^3）硫化氢时，中毒者会失去意识，很快昏迷窒息而死。急性中毒后遗症是头痛、智力降低等。

其实，无论在哪里，凡是存在着腐败的有机物且又不通风的场所，就极有可能局部聚积高浓度的硫化氢，诸如腌菜或贮藏食品的地窖、通风不畅的污水沟、造纸厂的纸浆池等，都是容易被高浓度硫化氢污染的环境。当进入这类环境时，切记要注意防止硫化氢中毒，不可粗心大意。

水蒸气与云雾雨雪

水蒸气时而变成多姿多彩的云飘浮天上，时而化作茫茫的迷雾弥漫空中，时而变成晶莹的雨滴洒向大地，时而化作洁白的雪花飘飘洒洒。正是由于它的表演使气候变化万千，正是由于它的存在给地球环境带来巨大的影响。

地面上的积水慢慢消失了，水到哪里去了呢？原来，它们受太阳辐射热的影响变成水汽蒸发到空气中去了。潮湿的空气受热上升，到了高空，遇到冷空气，空气中的水汽便会以空中的"烟粒微尘"为凝结核，形成小水滴，在气温低于0℃的空中，还会凝结成小冰粒。这些小水滴、小冰粒聚集成团，便形成了千姿百态的云。

位于地面的云就是雾。雾和云都是水汽凝结而成的，只是云的底部不接触地面，而雾则是接触地面的。

雾可以算是一种有害的天气现象，尤其重雾、浓雾会给环境及人类生产、生活

带来不利的影响。浓雾经常出现在无风的天气，盆地和谷地特别容易发生大雾天气。

下雨是一种常见的自然现象。我们都知道，天上有云才能下雨，因为雨水来自云中，但是有云时未必会降雨。据研究，一个细小的云滴需增大100万倍才能成为一滴雨降落下来。

当云中的气温低于0℃时，小水滴就会凝结成冰晶、雪花，下落地面。

降雪

降雪对人类环境有很多益处，它有利于农作物生长发育。因雪的导热本领差，土壤表面被雪层覆盖后，可以减少土壤热量的散失，阻挡雪面上寒气的侵入，所以受雪保护的植物可以安全越冬。积雪还能为农作物储存水分、增强土壤肥力，有利于农业生产。

燃煤污染

煤是一种十分重要的能源矿产，被人们誉为"黑色金子"。尤其是蒸汽机问世后，把煤转化为牵引力，发生了动力革命，给人们增添了无穷的力量，同时也使能源结构发生了巨大变化，从木柴木炭时代进入煤炭时代。煤的产量随之迅速增加，据统计，世界上每年要消耗煤炭 30 多亿吨。当然，由于工业用煤和居民用煤量越来越多，也给人类带来了新的威胁——环境污染！

煤燃烧之后的排放物几乎全部是污染物质。据有关部门统计，全世界每年由于燃煤要向大气排放 6.4 亿吨污染物质，其中粉尘约 1 亿吨，二氧化硫 1.5 亿吨，一氧化碳 2.5 亿吨，二氧化氮 0.53 亿吨，以及二氧化碳、苯并芘等污染物质。这些污染物在地球上积蓄、蔓延，使大气受到严重污染，尤其是在某些人口和工业集中的城市，污染更为严重，烟雾几乎常年笼罩，致使大气污染公害事件频频发生，伦敦烟雾事件就是燃煤污染的典型案例。

英国首都伦敦是西方大工业兴起的先驱城市之一，由于工业生产大量燃烧煤炭，城市上空经常浓烟弥漫。因伦敦处于泰晤士河畔，水汽大，粉尘多，大量的水汽凝结在烟尘上，形成浓雾，终日不散，成为举世闻名的"雾都"。烟雾遮挡了阳光，影响了光线照射，更使空气受到了严重污染，先后诱发了十几起骇人听闻的烟雾事件。其中，最严重的一次发生在 1952 年 12 月，酿成 12 000 余人死亡的悲剧。

光化学烟雾

光化学烟雾是一种淡蓝色的窒息性气体，它于 20 世纪 40 年代初在洛杉矶被最早发现，所以又被称为"洛杉矶烟雾"。后来，在东京、悉尼等世界名城也都出现过它的踪影。

光化学烟雾出现时，会对人的眼、喉、鼻等器官产生强烈刺激，造成红肿，使人流泪、喉痛、胸痛，并出现呼吸衰竭等现象，严重时可使人丧命。

光化学烟雾的形成是由大气污染造成的，是由大气中的氮氧化合物、碳氢化合物等污染物质在太阳紫外光照射下发生光化学反应后生成的污染物，而制造这种害人烟雾的罪魁祸首主要是工业文明的骄子——汽车。

洛杉矶是有名的汽车城，在 20 世纪 40 年代就有各种汽车 250 多万辆，每天消耗汽油 1600 多万升。到了 20 世纪 70 年代，汽车增到 400 多万辆，由于当时的汽车汽化效率很低，燃烧不完全，川流不息的汽车每天把 1000 多吨碳氢化合物、500 多吨的氮氧化物和 400 多吨的一

氧化碳等排放到大气中，约占全部大气污染物的 70%。洛杉矶地处美国西南部，常年阳光明媚，尤其 5 至 10 月，光照十分强烈。在阳光的照射下，污染气体发生化学反应，二氧化氮光解为一氧化氮和游离氧，游离的原子氧在大气中经催化作用与普通的氧分子结合形成臭氧。臭氧的氧化性极强，能将碳氢化合物氧化成甲醛、乙醛和酮类等，并进一步与氮的氧化物反应，生成过氧化硝基乙酰等，从而形成有毒的光化学烟雾。

酸雨

有时，天上也会降下反常的雨水，那仿佛是魔鬼播洒的毒汁，是死神的祸水。这样的雨水所到之处，树木枯死，田园荒芜，鱼塘酸化，鱼虾丧生；像强烈的腐蚀剂，使岩石粉化，使钢铁锈蚀。这种天上飘落的祸水就是被称为"空中死神"的酸雨。

酸雨，顾名思义，是一种酸性的雨，是雨水包溶一些酸性物质所形成的。在化学上，液体的酸碱程度用 pH 表示。pH 等于 7，酸碱中和；pH 大于 7，液体呈碱性；pH 小于 7，液体就是酸性，pH 越小，表明液体酸性越强。家庭中食用的醋的 pH 在 3 左右，酸倒牙的柠檬汁的 pH 在 2～3，正常情况下的雨水由于溶解了大气中的二

氧化碳，故略偏酸性，pH 为 6 左右。国际上规定 pH 小于 5.6 的雨，称为酸雨。

北欧的瑞典是一个美丽的多湖国家，全国共有大小湖泊 9 万多个，由于酸雨的影响，已有约 1.8 万个湖泊呈酸性，主要分布在瑞典南部，其中，污染严重的 4000 个湖泊中鱼类在急剧减少或几乎所有的鱼都已死光成为死湖。挪威南部有 1500 个湖泊湖水的 pH 值小于 4.3，其中 70% 没有鱼类；在许多河流中，随着河水酸性的增加，先是鲑鱼，然后是鳟鱼都消失了。

黑色的酸雨就像空中飘荡的死神，到处洒下扼杀生命的祸水，对草原、森林、鸟兽鱼虫、牲畜家禽和人类等一切大自然的生灵进行疯狂的残害，给大地带来灾难。

温室效应

什么是温室效应呢？通常人们把养花种菜的玻璃房或塑料棚叫温室。来自太阳的短波辐射（波长在 0.5 微米左右）很容易透过玻璃照射到室内，将室内晒热，而受热后的室内辐射出的红外线（4～100 微米）却不易向外发散出去，会受到有吸收红外辐射的玻璃的阻挡，从而使室内温度增高，就形成了温室，吸热保温良好的大棚可以保证室内温度比室外高出十几摄氏度甚至几十摄氏度。

因此，即使在大雪纷飞的寒冬，温室里仍是暖融融的，花草蔬菜仍在茂盛生长。

与玻璃房温室相似，大气层中的二氧化碳、甲烷、氧化亚氮等都能吸收红外线。如果大气中这类气体异常增多，就像在地球大气中遮挡了一层玻璃一样，阳光可射向地球，而地表放射出的长波辐射却难以向空中散发，导致近地表温度增高，这种现象叫作"温室效应"。

产生温室效应的主要

原因是大气中的二氧化碳、甲烷、臭氧、氧化亚氮等气体的增加，这些气体统称为温室气体。

二氧化碳是温室气体中最主要的成员，地球上温室效应的加剧主要源于二氧化碳浓度的提高。

大气中多余的二氧化碳，主要是由于煤炭、石油、天然气等燃料燃烧造成的。作为大自然中二氧化碳主要吸收者的绿色植物如森林、草地等的大面积减少，也是造成大气中二氧化碳浓度上升的原因。

另外，造成温室效应的不仅仅是二氧化碳，其他微量气体如甲烷、氧化亚氮、臭氧等也有一定的温室作用。

臭氧层

我们知道，太阳发出的光不仅有可见光和红外光，而且还有波长很短的紫外线，强烈的紫外线对生物具有极强的杀伤力。如果让这些紫外线毫无遮拦地全部到达地球表面，那么地球表面将被晒焦。

那么，是谁在亿万年的地球生命发展过程中，保护着地球上的万物呢？是臭氧层。臭氧层就像一个巨大的过滤网，把紫外线过滤出来，为地球生命提供了天然的屏障。

臭氧层的形成过程和变化过程并不复杂。在大气层的上层，氧气分子不断受到紫外线的辐射。当氧气分子吸收了波长短于242纳米的光子时，

就会分解成两个氧原子：$O_2 + 光 \rightarrow O+O$。所以，在海拔400千米或更高的地方，99%的氧处于原子状态。在低于400千米的地方，O_2的数量远远多于O；而在130千米的地方，O_2和O浓度相当。当O与O_2碰撞，并有一个双原子物质如N_2或O_2吸收过剩的能量时，就产生了臭氧：$O_2 + O \rightarrow O_3$。

形成臭氧的这个过程在大约海拔30千米的平流层处达到高点。如果高于这个高度，则由于O_2的数量太少，形成臭氧的成功率较

低。而低于此高度，则由于能够分解 O_2 的射线已被大量吸收，故只有少量的 O，也不利于形成臭氧。臭氧的绝大部分都集中在地面上空 20 ～ 25 千米的空中。

臭氧能强烈地吸收波长 220 ～ 330 纳米的紫外线，以免对地面上的生物造成伤害。臭氧吸收紫外线过程如下：O_3+ 紫外线 $\rightarrow O_2$+O，O+O $\rightarrow O_2$。

臭氧层出现空洞

科学家发现臭氧层中的臭氧在耗损，臭氧层在变薄。1985年，英国科学家首先发现南极臭氧层已出现了一个大空洞。这一重大发现不仅震惊了科学界，也震动了全世界，人们开始忧虑紫外线的伤害了。

南美洲的智利是距南极最近的国家，在它的南部有一个名叫彭塔阿雷纳斯的滨海城市，这里有秀丽的自然风光、美丽的海滨浴场，是旅游的好地方。南极出现臭氧洞的消息传来，这里的人们无不为之惊恐，商店里的墨镜和各种防晒霜立即被抢购一空，美丽的海滨浴场也空空荡荡，很少有人光顾了。有人在晴天出门也打起了防紫外线的遮阳伞。在南半球，到处是一片"紫外线杀手降临"的惊呼声。一些医生也告诫人们不要多晒太阳，尤其是每天上午11时到下午3时，以免受日光伤害。

南极臭氧空洞是英国

科学家约瑟·法曼和他领导的南极考察队发现的，这个洞的面积有美国领土那样大，形成空洞的原因是那里臭氧的数量大大降低，甚至降低了50%以上。这个空洞在每年9月上旬出现，而到11月便会消失，使臭氧层恢复常态。他们经过大量的观测研究发现，在过去的10年内，南极臭氧一直在有规律地递减，1985年春天的臭氧浓度要比1975年降低了约50%，20世纪80年代以后南极上空9～11月臭氧量已减少到之前的30%～40%。因而形成空洞，使大量紫外线透过。他们还发现臭氧空洞不是十分固定的，而是每年都在移动，面积也在逐年扩大。

第五章
水环境

水是一种人们最为熟悉的物质。在我们人类生活的地球上，空中云雾弥漫，山间溪流潺潺，地上江河奔腾，大海波浪滔天，无论天上还是地下，到处都有水的存在。

没有水，一切生命将荡然无存。生命之水，对于一切生物来说，都是不可替代的。

在人类面临水资源危机之时，我们每一位地球公民，都应该饮水思源，积极行动起来珍惜宝贵的水资源，节约用水，严防水污染，让生命之水永不枯竭，源远流长。

水的循环

水的循环运动每时每刻都在全球范围内进行着，它可以发生在海洋与海洋上空之间，陆地与陆地上空之间，也可以发生在海洋和陆地之间。水的循环过程可分为以下三个步骤：

一是蒸发和升腾的水分子进入大气。水分子吸收太阳辐射后，从海洋、湖泊、江河和土壤表面等蒸发到大气中去；生长在地表的植物，通过茎叶的蒸发将水扩散到大气中，植物的这种蒸发作用称为蒸腾。通过蒸发和蒸腾的水，水都得到了纯化。

二是以降水形式返回地面。水分子进入大气后，变为水汽随气流运动，在运动过程中，遇冷凝结形成降水，以雨或雪的形式降下。降水给地球带来淡水，是陆地水资源的根本来源，养育了地球上的生物，同时降水还能使空气净化，把一些污染物从大气中消除。

水的循环

大气水、地表水、地下水相互联系，形成一个连续的水圈。这个水圈中的各种水在不停地运动着，通过蒸发、冷凝、降水等连续不断地循环，科学上称之为水的循环。

三是重新返回蒸发点。当降水到达地面后，一部分渗入地下，补给地下水；另一部分流向低洼的湖泊或补给河流，最后流归大海，水回到海洋、河流、湖泊等蒸发点。这就是自然界的水循环。

推动水循环的永恒动力是太阳辐射，太阳辐射促使地面增热、海水蒸发、冰雪消融、大气流动等。据科学家估计，地球接收的太阳能约有 23% 消耗于海洋表面和陆地表面的蒸发上，当水汽凝结时，这些能量重新释放出来。

水体的自净

水体受到废水污染后，逐渐从污水变成清洁水的过程，称为水体自净。

水体的自净过程很复杂，按其机理可以分为物理自净过程、化学自净过程和生物自净过程。

物理自净过程：物理自净是指稀释、沉淀、吸附等作用使水体中的污染物浓度降低的过程。如废水排入河流后，与河水混合，由于水流作用，污染物被充分扩散，均匀地分布于河水中，于是污染物得到稀释。河流的稀释能力主要来源于两种运动形式。一是污染物

受河流流速的推动沿着水流方向运动，流速越大，单位时间内单位面积输送的污染物数量就越多。二是污染物进入水流后，使水流中产生了浓度差，污染物将在浓度差驱动下由高浓度方向向低浓度方向扩散迁移。显然，浓度差越大，通过单位面积扩散的污染物的数量越多。

化学自净过程：化学自净是氧化、还原、中和、分解、凝聚等

作用使水体中污染物浓度降低的过程。其中以氧化还原反应为主，可氧化的物质被水中的氧气所氧化，从而使水中的污染物在化学性质，特别是溶解度、挥发和扩散能力等方面发生很大变化。

生物自净过程：生物自净是指由于水中生物活动，尤其是水中微生物对有机物的氧化分解作用而引起的污染物质浓度降低的过程。

水体污染

由于污染物进入水体后，使水体的水质和水体沉积物的物理性质、化学性质或生物群落组成发生变化，从而降低了水体的使用价值和使用功能的现象，称为水体污染。

水体污染的原因有两类：一类是自然污染，由于雨水对各种矿石的溶解作用所产生的天然矿毒水，还有由于火山爆发或干旱地区的风蚀作用所产生的大量灰尘落入水体而引起的水污染等都属于自然污染；另一类是人为污染，就是由于人类生产、生活活动向水体排放大量的工业废水、生活污水和各种废弃物而造成的水质恶化。

在人为污染源中，工业生产引起的水体污染最严重、最复杂，造成的环境灾害事件也最令人触目惊心。仅就工业废水来说，它不但涉及面广、量大，而且含污染物多，成分复杂，在水中不易净化，处理也比较困难。工业废水所含的污染物种类繁多，有多氯联苯、重金属类物质，有各种化合合成物质、油类物质和放射性物质等。

固体废物和废气是从工矿企业排出的另一类污染水体的物质。例如，加工过的残渣和废料直接投弃到水体中，或者将其露天放置，经雨水淋溶冲刷，使其中的有害物质进入水体，都可造成水体污染。

生活污水是水污染的主要污染源之一。早期的水体污染主要是由生活污水造成的，直到产业革命后，工业排放的废水、废物才成为水体污染物的主要来源。

河流污染

由于现代工业的迅猛发展，人口高度集中，城市地区工业废水和生活污水的排出量更是十分惊人，当排入河流的污染物数量超过了河流所能净化和承纳的程度时，就会造成河流的污染，而现在排入许多河流里的污染物已经远远超过了河流的净化能力。有些河流变成了"油河"，有些河流变成"臭河""黑河"，有些河流变成五颜六色的"彩河"，有的河流则成为可怕的"毒水河"，还有的河流成为鱼虾绝迹的"死河"。

许多流经城市的河流，特别是流量较小的支流，受污染程度更为严重，有不少已变成了排泄废水的"下水道"和散发着臭气的污流浊川，如中国上海的黄浦江，1981年，恶臭时间竟达151天，水中的溶解氧下降到1毫克/米^3。

世界上许多著名河流也发生过严重的污染问题。英国号称"皇家之河"的泰晤士河曾一度沦为鱼虾罕见的死河。印度的恒河是南亚最大的河流，恒河水哺育着两岸的人民，创造了光辉灿烂的印度文化。千百年来，印度始终把恒河敬若神明，称为"圣

河"。然而，20世纪80年代科学家对恒河调查的结果显示，恒河水的污染十分严重，仅恒河中上游的坎普尔市就有150万人的生活废水等直接排入恒河，还有制药厂、化工厂、亚麻厂等每天向恒河排放大量的工业污水，使这段河水中的鱼类及其他水生生物残存无几。

冰川与地球环境

冰川是陆地上储水量最大的水体，它像一个固体水库，储存着大量的淡水。它的存在及其活动，对地球气候及环境产生了重要且深远的影响。

冰川是自然界重要的、有很大潜力的淡水资源。冰川中储存的

大量淡水，水质良好。亚洲中部干旱区（包括中国西部、中亚、阿富汗、巴基斯坦及印度部分地区）历史悠久的灌溉农业，在相当程度上依赖着这一地区山岳冰川的融水。在欧洲的阿尔卑斯山区和挪威，有大量水库修建在冰川末端以下的河谷中，它们蓄积大量的冰川融水用来发电。据报道，瑞士能源大部分来自冰川融水发电。

某些山岳冰川的融水有时也会给人类带来危害，如冰湖溃决形成冰川洪水。在强烈消融季节也常发生冰川泥石流，尤其在暴雨和强消融叠加在一起时，泥石流爆发的可能性更大。这些灾害会冲毁村庄，淹没农田，阻塞江河，影响交通，给人们的生命、财产造成极大损失。

在两极地区，海洋中的波浪或潮汐猛烈地冲击着附近海洋的大陆冰，天长日久，它的前缘便慢慢地断裂下来，滑到海洋中，漂浮在海洋水面上，形成冰山。1912年4月14日，英国建造的第一艘巨型豪华邮轮"泰坦尼克"号在纽芬兰南部海域被迎面漂来的冰山撞沉，致使船上1500余人葬身大海，成为举世震惊的大惨案。

海洋污染

海洋污染就是指人类直接或间接把有害的物质或能量引入海洋环境（包括河口附近），造成损害生物资源和海洋生物，危害人类健康，妨碍包括捕鱼及海洋其他正常用途在内的各种海洋活动，损坏海水使用质量和损坏环境质量等有害影响的过程。

海洋污染最显著的特点就是污染源多而复杂。海上航行的船只和海上油井都会造成海洋污染，包括海上油井管道泄漏、油轮事故、船舶航行排污泄漏等。据有关资料表明，每年有1500万～1000万

吨石油排入海洋。陆地城市、工矿企业、农业生产、居民生活的污染物最后大都排入海洋。陆地上的污染物可以通过排污管道和河流进入海洋，也可以随地表径流漫流入海。有人统计，每年有 41 亿立方千米污水携带着 200 亿吨悬浮物质和溶解盐类流入海洋，仅排入地中海的有机物每年大约就有 330 万吨。大气中的污染物可随气流运行到海洋上空再通过降雨进入海洋，因此，海洋堪称世界最大的污染物"收容所"了。

　　海洋污染的第二个特点是持续时间长、危害大。海洋是生物圈的最低部位，污染物进入海洋后，很难再转移出去，不能溶解或不易分解的污染物，如重金属和有机氯农药等，便在海洋中积累起来，数量逐年增多，并且还可通过迁移转化扩大危害。

洪水及其成因

陆地上的洪水分为暴雨洪水、融冰融雪洪水和冰凌洪水。

暴雨洪水的特点取决于暴雨特性和下垫条件。中国的暴雨洪水主要发生在夏季，有时春秋季局部地区也会发生洪水，但冬季基本上没有暴雨洪水，洪水常常涨落较快，起伏较大，具有很大的破坏力。

特大暴雨形成的洪水常可造成严重的灾害，尤其是偶尔出现的特大洪水，常带来深重的灾难。

融冰融雪洪水是由冰雪融化所致。中国的融雪洪水主要分布在东北和西北的山区。冬季的长期积雪，到次年春夏随着气温升高，积雪融化，汇聚形成融雪洪水。融雪洪水一般发生在4月至6月，其特点是持续时间长，涨落慢，洪水过程受气温影响而呈锯齿形，具有明显的日变化。融雪洪水一般不会造成灾害。冰川发育地区常常由于冰的融化而造成洪水泛滥，多发生在炎热的夏季，这种洪水通常没有明显的大起大落，只有少许的日变化。突发性的融冰洪水往往由冰湖溃坝形成，洪峰猛涨猛落，具有很大的破坏力。

冰凌洪水是河流解冻时发生的。河流在冬季结冰，到春季冰融化时大量的冰凌来不及下泻，阻塞河道可形成冰坝，使上游的水位显著增高，冰雪一融化，冰坝突然破坏，大水就一轰而下，形成洪水。

干旱及其危害

干旱现象从水资源角度来说，是供水不能满足正常需水的一种不平衡的缺水情势。当这种负的不平衡超过一定的界值后，将对城乡生活和工农业生产造成极大危害，从而形成旱灾。

旱灾对农业生产影响最为明显。在农作物生长时期，由于得不到降水、灌溉水和地下水的及时补给，土壤水不断消耗，农作物不能从土壤中吸收足够的水分作正常生长之需，就会使生长受到抑制，发生旱情。旱情继续发展就可造成旱灾，导致农作物大面积减产，甚至颗粒无收。当严重旱灾发生时，河、溪、井、塘干涸，赤地千里，人民无粮可食，无水可饮。

干旱可能使农牧业减产，工业原料不足，重旱还会直接造成工业用水不足，从而影响工业生产，导致工业产值大大降低。据有关数据显示，1961—1990年，中国工业受旱灾损失总计约为6000亿元。

干旱会造成河道泥沙淤积，主河床淤高，河道行洪能力大大降低；同时，地表水减少又会使区域水资源更趋紧张。干旱还会使地下水环境明显恶化，主要是因为地面缺少水，需从地下抽取更多的地下水，使地下水水位降落，泉水流量锐减，并可引发地面大面积下沉，临海地区还会引发海水入侵等。

大地明珠——湖泊

地球上有无数大大小小的湖泊，它们是人类环境不可缺少的组成部分。一个个晶莹的湖泊散落在大地上，犹如一颗颗明珠镶嵌在大地上，把大地装扮得分外美丽。

湖泊作为自然系统的重要组成部分，对人类生存环境有着十分重要的影响。它不仅有丰富的水资源，能调节水量，用于发电、养殖、灌溉和航运，而且还含有较丰富的矿产资源。

湖泊是重要的水源，这是人所共知的，湖泊中储有大量的水，

这些水可以作为人们生活用水的水源地，也可以用于农业灌溉和工业生产。湖泊还可以有效地调节河川的径流量。在洪水季节，湖泊可以蓄水，降低洪峰流量，防止洪水灾害；在枯水季节，湖泊可以排放水，减少和蓄水量。

中国南方的长江流域在历史上有着众多的湖泊，如洞庭湖、鄱阳湖、太湖等。荆襄之地古称"云梦大泽"在明清之际，湖北省也有"千湖之省"的称号。这些湖泊担负着长江的蓄洪任务，是长江水的自然调节区。长江中下游的这些湖泊与江河贯通，江涨湖蓄，调节丰枯。但是，由于泥沙淤积、围湖造田，长江中下游的许多湖泊已不复存在。

千姿百态的泉

泉是从地下流出的水。由于地下水流经的岩层和所处的地质构造、水文地质条件各种各样，因而会出现各种稀奇古怪的泉，有的泉滴滴渗出，清澈晶莹；有的奔腾突起，声若雷鸣。尤为引人注目的是那些千姿百态、景象奇特的泉：鼓动则泉流、声绝则水竭的声震泉，一天甜、一天酸的甘泉，发出美妙动听琴瑟之音的响泉，涌花飞鱼的花泉、鱼泉，还有定时喷水的间歇泉等。

美国西部的落基山西侧的黄石河上游，有一个世界著名的国家公园——黄石公园。公园内有3000多个温泉和间歇泉。在200多个间歇泉中，最著名的是老实泉，它信守时间，每隔64.5分钟喷射一次，每次喷射历时4.5分钟，水柱高达56米，喷水量为41 640升。有人说它"像钟表一样"准确。由于"忠实"可信，故称"老实泉"。每当泉水喷发时，都会游人欢喜雀跃。

中国内蒙古赤峰市巴林右旗境内的大兴安岭西南端的山脚下，

有一个方圆 15 平方米的泉池，分布着 6 个泉眼，分别流涌出苦、辣、酸、甜、涩、咸 6 种不同味道的泉水，被称为"六味神泉"。经国家和自治区两级的专家技术评审鉴定，认定它是含锂、锶、偏硅酸复合型的特种优质矿泉水。

大自然中的水景观

大地上的水，就像母亲的乳汁一样，哺育着地球上的所有生命。它不仅广泛应用于人们的生活和生产中，还在自然界中创造了各种奇特的景观，把大自然装扮得绚丽多姿，给人类带来了美的享受。

瀑布是水由自然界创造的一种分布最为广泛且最为引人注目的

奇观。大地上的瀑布飞流直下，犹如天上的银河降临大地，极为壮观，深受人们青睐，是人们喜闻乐见的旅游资源。

世界上最宽的瀑布是莫西奥图尼亚瀑布，位于非洲赞比亚和津巴布韦交界处的巴托卡峡谷中。瀑布呈"之"字形，绵延97千米，其主瀑布高达122米，宽1800米。瀑布被几个小岛分成五股倾泻而下，发出隆隆巨响，激起阵阵水雾，被风吹扬到几百米的高空，远在15千米之外就能听见它雷鸣般的巨响。

世界上最高的瀑布是安赫尔瀑布，位于南美洲的委内瑞拉。安赫尔瀑布落差达979米，位于圭亚那高原最高处的西北侧，在卡拉奥河的支流上。这里到处是浓密的森林，崖壁上云层密布。远远望去，只见云层中一条白练似的瀑布飞泻而下，这条瀑布先下泻807米，抵达一个横伸出来的悬崖，再倾泻172米，气势逼人。

第六章
土地环境

土地作为一种重要的自然资源和环境要素，它的基本属性是位置固定、面积有限。地球表面进行的沧海桑田变化，是一个漫长的地质作用过程，要经过千百万年乃至上亿年的演化才能完成。令人忧虑的是，有限的可利用的土地资源正在不断地减少，尤其是耕地的减少。

土壤

土壤是指地球陆地表面具有一定肥力且能生长植物的疏松层。它是人类食物的生产基础，是人类食品、服装、建筑物等基本原料的来源。土壤处于大气圈和岩石圈的过渡地带，岩石圈相比，土壤层就像一层薄膜覆盖在陆地表面，它的平均厚度只有18厘米。可是，人类生活所必需的大部分农产品就来源于这层微薄的土壤。

土壤由固、液、气三相物质组成。固相物质包括土壤矿物质和土壤有机质（包括活有机体——土壤生物），占土壤总重量的90%以上，为植物生长提供了矿物质和养分。液相是指土壤水分及其可溶物，它们把营养物质运送到植物根系，供植物吸收。气相物质是指土壤空气，它为植物根系呼吸提供氧气。

土壤具有肥力是区别于其他物质的最本质的特征。土壤肥力是指土壤具有供给和协调植物生长所需的营养条件（水分和养分）和环境条件（湿度和空气）的能力。

影响土壤特性的主角是土壤中的黏粒和腐殖质。黏粒颗粒细小，具有较大的表面积，能够强烈吸附土壤养分，是土壤养分的贮藏库，

但致密的黏粒对土壤排水和通气不利。腐殖质能很好地吸附养分和水分，有利于土壤中微生物和蚯蚓等有益小动物的繁殖。当土壤中的黏粒和腐殖质含量适当时，可形成黏粒腐殖质结合体，使土壤团粒化。土壤团粒化后，土壤中的孔隙多起来，土壤通气性变好，土壤排水性也变好，黏粒和腐殖质各自具有的对养分和水分的保持能力成倍增加。人们多施用有机物，可以增加土壤中的腐殖质含量，使土壤的结构和性质有所改善。

有机物使土壤微生物获得了生活所需的能量，增强了活性，反过来能促进有机物的分解。有机物被分解后，就使氮、磷和其他元素有效化，可供给作物使用。有机物分解生成的有机酸、维生素和植物激素等，可促进作物的生长。

土壤净化

土壤净化，是指从外界环境进入土壤的污染物质，通过在土壤中迁移、留存、吸附、离子交换和大量土壤生物对农药、重金属及其他有机毒物、无机毒物的吸收、富集、拮抗、降解、转化等复杂过程，有的有毒物质转化为无害物质，甚至转化为植物营养物质；有的有害物质被土壤胶体吸附、固定，以至退出生物循环，脱离食物链，不再危害环境及人体健康。土壤净化的反应机理是十分复杂的，主要净化方式有下列几种：

土壤通过稀释、扩散和挥发作用实现自净：土壤是一个多相、疏松、多孔隙的体系，可使其中的挥发性物质很容易地挥发、释放到大气中。土壤含有水分，借助外来水的作用，可使污染物质稀释与扩散，或被淋洗到耕作层以下。

土壤通过氧化还原反应，使污染物改变存在状态而实现自净：土壤是一个氧化还原体系。它以空气中的氧气、高价金属离子等为氧化剂，以有机物和低价金属离子为还原剂，进行多种物质之间的氧化还原反应，加速了有机物质的分解和挥发，或使无机物（如重金属）变成不溶解的化合物而被迁移转化，暂时贮存起来。

土壤通过络合—螯合、离子交换和吸附作用而自净：土壤是一种胶体，可将呈阳离子状态的污染物，如金属离子、化学农药等吸附在胶体中。土壤又是一种络合—螯合体系，可将污染物络合或螯合成十分稳定的络合物或螯合物，使它们退出生物物质循环。

土壤的侵蚀

土壤侵蚀是指在风或水的作用下，土壤物质被破坏带走的作用过程。在自然状态下，纯粹由自然因素引起的地表侵蚀过程，速度非常缓慢，表现很不显著。

在人类活动的影响下，尤其是当人类破坏了土地上的植被后，就会大大加快自然因素引起的地表土壤破坏和土地物质的流失。

由于水的作用把土壤冲刷到别处的现象称为水蚀，即通常所说的水土流失。土壤流失是一个不断加剧的过程，一般由面蚀发展为沟蚀，最后导致土壤的全面破坏。

水土流失导致土壤耕作层变薄，土地生产力下降，土地资源受到严重破坏。全世界每年因水土流失都要损失大量的土地。此外，水土流失还造成河湖淤塞和水库淤积，导致抵御洪涝、干旱灾害的能力降低，生态平衡失调，其损失更难以计数。

　　土壤侵蚀的另一种营力是风。以风为动力的土壤侵蚀现象称为风蚀，由于地表缺乏植被覆盖，土层干燥时，每秒4～5米的起沙风吹拂地面就会造成风蚀。风蚀现象主要发生在干旱、半干旱地区。风蚀毁坏了土壤，被吹运的土壤因重新堆积而掩埋河道、湖泊、农田，从而降低了土壤肥力，给人类生活带来危害。

土地荒漠化

荒漠化是指在干旱、半干旱和某些半湿润、湿润地区，由于气候变化和人类活动等各种因素所造成的土地退化现象，它使土地生物和经济生产潜力减少，甚至基本丧失。由于荒漠化的影响，全世界每年有大量的农田减产乃至绝收，受荒漠化直接影响的人口达2.5亿以上，另有100多个国家约10亿人口面临着荒漠化的威胁。

荒漠化是全球性的灾难，可使大量的良田变成不毛之地，直接摧毁了人类赖以生存的土地和环境，给全球很多人的生活和生存带来了灾难，导致贫困的加剧和大规模的难民迁移，造成了社会的动荡不安。从某种意义上来说，荒漠化的危害比洪涝、病虫害等自然灾害还要严重得多。其危害在短期内难以消除，可能延续几代人。

土地荒漠化是由自然地理、气候条件和人类活动等多种因素造成的。天然作用形成的荒漠化一般演变得非常缓慢，如气候干旱往往需要几百年乃至数千年。不合理的人类活动是荒漠化发生发展的重要因素。例如，人类过度垦殖、过度放牧、破坏植被等可在短期

内导致荒漠化产生。

　　荒漠化作为一个全球性环境问题日益引起人们的关切。1994年
12月19日，第49届联合国大会决定从1995年起，每年6月17日
为"世界防治荒漠化和干旱日"。

土地沙漠化

土地沙漠化是人类的大敌，它使大量土地沦为沙漠，给人类带来无数的灾难。古往今来，由于沙漠化肆虐，大量的农田、牧场被沙漠吞噬，无数的村镇被埋没。昔日在丝绸路上兴旺一时的楼兰古城也被淹没在沙漠之中。

那么，沙漠化为什么如此猖狂？是什么原因导致了土地沙漠化呢？据土壤学家研究，沙漠化是自然原因和人为因素综合作用的产物，究其原因主要有人类过度利用土地、过度放牧、大风侵蚀和气候干旱

等。风是主要的动力因素，人为活动是诱因，干旱则是必要条件。

　　干旱气候对沙漠化影响很大，沙漠化主要发育在干旱、半干旱地区。任何植物在其生理过程中都需要水分，靠水分长成茎秆和枝叶，靠水分输送营养物质，越是高大的植物，需要的水分越多。在降雨量小的干旱地区，水分不仅无法满足高大树木生长的需要，甚至不足以维持一个完整的草原植被，于是，在植物之间就出现空隙，裸露的地表受到风蚀，微细的土壤被大风刮走了，土壤逐渐粗化，并导致片状流沙形成，继而流沙移动，侵入邻近的土地。这种现象年复一年，逐渐加重，就出现了密集的沙丘。这个过程在地球上已经进行了很久，很早以前地球上就有了沙漠存在。

土地盐渍化

土地盐渍化表现为土壤中的盐分高度集中，人们一般把表层含有 0.6% ～ 2% 以上的易溶盐的土壤称为盐渍土。土壤盐渍化程度高时，一般植物很难成活，土地就成了不毛之地。盐渍土主要分布在内陆干旱、半干旱地区和滨海低地。全世界盐渍土面积占干旱地区总面积的 39%，约 1/3 灌溉面积的土地生产力遭受不同程度盐分的破坏。

世界上得到灌溉的农业耕地面积占总耕地面积的 5%，其产量占世界粮食总产量的 40%。不良的灌溉（如灌溉水质不好、灌溉水

量过大等）可导致地下水水位上升，引起土壤盐渍化。由于人类不合理的农业措施而发生盐渍化称为次生盐渍化。

大多数灌溉是利用河水灌溉农田，在河流被截流或大量提水灌溉后，河水流量减少，水中盐分增加，河流冲刷盐分的能力也降低，因而河床地带就会发生盐分沉积，造成沿河地带土地的盐渍化。当河水含盐度低于700毫克/升时，可用于灌溉；当河水含盐度高于2100毫克/升时，已不适于农业灌溉。

干旱地带的土壤水分蒸发快，在用河水或地下水灌溉土地后，水分很快蒸发或被植物的根系吸收，而水中的盐分却滞留在土壤中。如此日积月累，当土地中的盐分增加到一定程度时，这块土地就成为无耕作价值的盐渍地了。

化肥对土壤的污染

　　农民给土壤施化肥就是为了补充农作物所需的营养物质，使农作物生长得更好。但是，过量使用化肥，对土壤会造成污染。过量使用氮肥，常使植物中积累大量的硝酸盐。土壤中过量的硝酸盐，易被植物过量地吸收，因此发生累积，这种农作物产品，在贮

藏中所含硝酸盐可还原为亚硝酸盐。这种富含硝酸盐的作物为人畜食用后，可干扰血液中氧的循环，导致缺氧症，严重时还会窒息死亡。

土壤中施用过多的磷肥，可引起土壤中锌等营养元素的缺乏，这是由大量的可溶性磷酸盐在土壤中与锌结合转化成难溶性锌的磷酸盐所致。

施用粗磷矿粉或粗制磷肥时，要注意氟的含量。氟的含量过高，会影响土壤中生物的活动，降低作物的产量。

过量施用氰化钙作肥料可引起土壤污染。氰化钙在大量施用于土壤时，会产生双氰胺、氰酸、氰化氢等有毒物质，它们抑制土壤中的硝化作用，使水稻、大豆、棉花等作物减产；氰化氢还能减低酶的活力，损害大麦、玉米的代谢作用。

如果偏施某种大量元素，有时虽未造成危害，但土壤中某种养分会过量，势必造成其他养分的相对不足，导致营养失调，因而不会取得增施肥料应有的经济效果。

如果长期施用某种化肥，则会使土壤的结构遭到破坏，使土壤胶体分散、酸化，土地板结，严重影响农作物的产量和质量。

草地的退化

草地，常也可称为草场，泛指生长草类可供放牧或割饲草的土地。习惯上称大面积连片的草地为草原。绿色的草原、洁白的羊群和奔驰的骏马构成了一幅壮丽的草原景观图，历来为人们所称道。草原对于保护植被、防止沙化和水土流失起着十分重要的作用。

在一段时间内，人类对草原的不合理利用，使草原遭到严重破坏，不仅草原面积大量减少，而且质量也明显下降，荒漠化和退化日益严重，已引起世人的忧虑。

草原退化带来了恶劣的后果，究其原因，大致有两个方面：

一方面，由滥垦草原、开荒种地引起草原退化。世界上许多地区都存在滥垦草原的现象，将大量草地开垦为耕地，使草地的面积缩小。用于放牧的土地减少得最多的是撒哈拉南部非洲半干旱地区，由于人口增加，耕地不断向草地延伸，同时，沙漠也在向草地入侵。由滥垦草原引起土壤风蚀而造成的沙漠化的惨痛教训，在美国、俄

罗斯都曾发生过，这就是著名的黑风暴事件。

　　另一方面，由过度放牧，使得草场无法休养生息。在亚洲、非洲一些国家的草原，由于超载放牧，草本群落受到破坏，各种动物的食物链无法维系，限制了畜牧业的发展，资源也遭到破坏。过度放牧、重用轻养也导致了草地退化、沙化和气候恶化等生态问题。

第七章
生物环境

在地球上，从高山到平原，从沙漠到草原，从赤道到极地，从天空到湖海，几乎到处都有种类繁多、大小不一、形态各异的生物，是它们把地球装点得绚丽多姿、生机勃勃，是它们为人类提供了大量赖以生存的资源。生物是一个重要的环境要素，它们构成了充满生气、富有活力的环境，更是人类赖以发展、走向未来的可靠保障。

热带雨林

在地球上，热带雨林是分布最广、栖息动植物种类最多的森林。它与人类的生存环境的关系极为密切。

热带雨林主要分布在东南亚、南美洲、非洲和印度等地。20 世纪中期以前，人类的活动几乎没有伤害到热带雨林。那时，地球上沙漠的面积比现在小得多，自然灾害的发生也不像现在这样频繁，其中，热带雨林的作用功不可没。

近几十年来，热带雨林遭到了严重破坏，并以惊人的速度在消失，破坏最严重主要发生在拉丁美洲、西非和东南亚。拉丁美洲茂密的森林有2/3 已经消失，世界上最秀丽的热带

雨林——东南亚雨林逐渐消失。20 世纪 60 年代，巴西的大规模"垦荒运动"，使世界上最大的热带雨林——亚马孙热带雨林受到了空前的破坏。这会在全球范围内造成不良后果。热带雨林不仅为大量动植物提供了良好的生存环境，而且还对保护水土、调节气候等重要作用。

热带雨林被砍伐后，失去保护的地表会迅速干燥，沙漠便会大

肆扩张，大量的尘埃会进入空气中，从而影响全球热量交换和水分
交换，导致地球气候变化和自然灾害频繁发生。巴西热带雨林被严
重破坏，临近的秘鲁的沙漠面积扩大了；非洲撒哈拉大沙漠一直在
向南推进，干旱威胁着西非荒原地带，这是由当地热带雨林消失造
成的。地球上洪涝频繁、干旱肆虐、气候变暖、沙化严重，这些都
与热带雨林面积日益缩小有关。

生态系统

生态系统的范围有大有小。地球上有无数大大小小的生态系统。大到整个生物圈、整个大陆、整个海洋，小到一块草地、一个池塘，甚至一滴水，都可以看作一个生态系统。我们常常见到的池塘、河流、海洋、草原、森林、沙漠等，都是典型的生态系统；农田、果园、

工厂、矿山等，也是人类创造的生态系统——人工生态系统。

任何一个生态系统，无论是简单还是复杂，都由生产者、消费者、分解者和非生命物质（无机环境）四部分组成。这些组成成分在物质循环和能量流动中发挥着特定的作用，并形成整体功能，使整个生态系统正常运行。

生产者主要是指绿色植物，也包括单细胞的藻类和能把无机物转化为有机物的一些细菌。

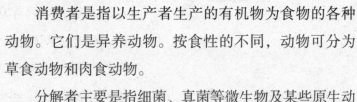

消费者是指以生产者生产的有机物为食物的各种动物。它们是异养动物。按食性的不同，动物可分为草食动物和肉食动物。

分解者主要是指细菌、真菌等微生物及某些原生动物，如土壤线虫、鞭毛虫等，它们是生态系统的"清洁工"。

非生命物质是指生态系统的各种无生命的无机物和自然条件，如阳光、水、热能、氧、氮、盐类等。它们是生物赖以生存的物质和能量的源泉，共同构成大气、水和土壤环境，成为生物活动的场所。

生态系统

生物在自然界中并不是孤立的生存，它们总是结合成生物群落而生存的。这些生物在一定范围和区域内相互依存，同时与各自的环境相互作用，不断地进行着物质和能量的交换，这种生物群落与周围环境组成的综合体，就叫作生态系统。

食物链

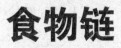

按照环境及生物之间的相互关系，食物链主要有以下四种类型：

一是捕食性食物链，既可存在于水域，也可存在于陆地环境中。生物之间以捕食的关系构成食物联系，以植物为基础，由植物到小动物，再到大动物，后者捕食前者。例如，藻类→甲壳类→鲦→青鲈；青草→蝗虫→蛙→蛇→鹰，就属于这种类型。

二是寄生性食物链，生物间以寄生物与宿主关系而构成食物联系，以大动物为基础，小动物寄生在大动物身上。例如，跳蚤寄生在动物身体上，跳蚤体内有原生动物寄生，原生动物成为细菌的宿主，而细菌上可能寄生病毒。例如，大动物→跳蚤→原生动物→细菌→过滤性病毒，就属于这种类型。

三是腐生性食物链，也称

分解链。动植物死亡后，其尸体腐烂，被土壤或水中的微生物分解利用。例如，森林中的动物尸体和枯枝落叶为微生物所利用而构成食物链。例如，植物残体→蚯蚓→线虫类→节肢动物，就属于这种类型。

四是碎食性食物链。这类食物链以碎食物为基础。碎食物是由高等植物叶子的碎片经过细菌和真菌的作用，再加入微小的藻类组成。碎食物被小动物、大动物相继利用而形成的食物链，就是碎食性食物链。例如，碎食物→食肉性小动物→食肉性大动物；树叶碎屑及小的藻类→虾→鱼→食鱼的鸟类均为此类。

食物链对环境有十分重要的影响。有害人体健康和生物生存的毒物会通过食物链扩散开来，增大其危害范围。

营养级与食物网

食物链有长有短，有简单也有复杂。最简单的食物链仅由两个或三个环节组成，如狐狸吃兔子，兔子吃草等。而复杂的食物链环节较多，如人吃金枪鱼，金枪鱼吃鲭鱼，鲭鱼吃鲱鱼，鲱鱼吃甲壳动物，甲壳动物吃藻类，这就形成了长达 6 个环节的复杂食物链。食物链上的每一个环节，称为营养级。

在食物链中，任何一种生物都属于一定的营养级。绿色植物吸收太阳能制造养料，供自身及其他生物利用。所以，绿色植物是一切生物的食物基础，位于食物链的开端，是第一营养级。草食动物（如蝗虫等）吃草是一级消费者，属于第二营养级。青蛙吃蝗虫，是二级消费者，占据第三营养级。蛇吃青蛙是三级消费者，占据第四营养级。鹰吃蛇为四级消费者，占据第五营养级。在生态系统内，通过食物的关系，使能量由植物→草食动物→

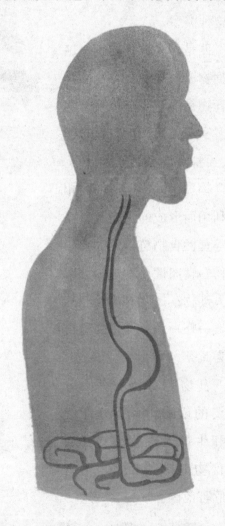

肉食动物，有次序地一步步流动，每一步就是一个营养级。最后，分解者在分解动植物尸体的过程中，把尸体中储存的能量释放到环境中，这就是生态系统中能量的逐级流动过程。

生物成分之间的取食关系上的这种错综复杂的关系，使各个食物链之间的关系都不是一种简单的直线关系，而是相互联系、相互交叉，形成了一个纵横交错的网络。人们把这种食物链网络称为食物网。

生态平衡

每一个生态系统总是在时刻不停地进行能量交换和物质循环，因此，任何生态系统的各种因素或成分之间都是运动的。但是，在一定时间和相对稳定的条件下，生态系统总是趋向稳定的状态。当生态系统中的能量流动和物质循环过程，较长时间地而不是暂时地保持平衡状态时，这种状态就叫生态平衡。例如，在一片处于稳定状态的原始森林系统中，有草、树木等植物，也有兔子、鹿等食草动物，还有狼、虎等食肉动物。这里的植物是初级生产者，吸收土壤中的水分和养料，吸收阳光和空气中的二氧化碳，把太阳能转化成化学能储存起来。食草动物鹿、兔子等是第一消费者，以吃植物为生。食肉动物虎、狼等是第二消费者，以吃兔子、鹿等食草动物为生。动植物死后，其残骸被微生物分解，成为植物的养分。植物、动物、微生物和它们的生存环境互相依存、互相制约，共同组成稳定的生态系统。

生态系统中的物质要保持平衡，其中的所有物质都必须循环利用。以海洋生态系统为例，鱼类排泄有机废物，而这些有机物被细菌转化为无机物，无机物为海藻提供了营养物质，使海藻生长发育，而海藻又被鱼类食用。这样，废物被清除了，海洋保持了清洁，并为下一个循环提供了原料，这就保持了生态系统的平衡。

生态平衡的破坏

生态平衡的破坏，有自然原因，也有人为因素。

自然原因主要是指自然界发生的异常变化或自然界本来就存在的有害因素，如火山爆发、地震、海啸、泥石流、水旱灾害、虫灾、

流行病等自然灾害。1815年印度尼西亚塔姆波拉火山爆发，大量的火山灰遮蔽天空，使新英格兰6月出现暴风雪，过早出现霜冻，农作物全无收成，欧洲出现了史无前例的奇寒，打乱了自然规律。但是，自然因素对生态平衡的破坏和影响的出现频率不高，在地域上也具有一定的局限性。

人为因素主要是指人类对自然资源的不合理利用，以及工农业生产发展带来的环境问题，包括毁坏植被，引进或消灭某一生物种群，建造某些大型工程，以及现代工农业生产过程中排出的某些有毒物质等。1956年，非洲蜜蜂被引入巴西后，与当地人工培育的蜜蜂交配，产生的杂种蜜蜂具有极强的侵袭力。这种蜜蜂在南美森林中因无竞争者和天敌而迅速繁殖，每年以200～300千米的速度扩散。当它们扩散到几乎全部南美洲时，对人和家畜的生命构成了极大的威胁。人为因素对生态平衡的影响比自然因素更为重要，是造成生态平衡失调的主要因素，而人为因素又是可控制的，因此，研究各种人为因素对生态平衡的影响，对于保护生态环境具有重要作用。

警惕岩石释放氡气伤害人

氡气灾害是一种环境灾害和地质灾害，已引起人们广泛的重视。

地球上的放射性氡气主要由来自地壳岩石圈中铀系、钍系和锕系矿岩分别衰变出的氡子体组成。高层次的宇宙线由于受到大气层的阻隔，对地球表面影响不大，而地球岩石主要衰变出三种氡气：氡222（222Rn）、氡220（220Rn）、氡210（210Rn）。它们的半衰时间分别是3.83天、55.6秒、3.96秒。对人类会构成伤害的花岗岩，主要是指花岗岩含衰变时间相对长的氡222（222Rn）。

氡气是从花岗岩等岩石中的铀衰变成镭，镭再衰变而成的。含铀矿物多赋存于花岗岩等不同类型的岩石、土壤和水中。在人们的生活环境中，氡气危及着人的生命。

氡及其部分衰变产品是辐射体。氡气在不知不觉中会被吸入人体，破坏人体正常机能，破坏或改变DNA的结构，蓄积起来导致人患肺癌或其他恶性肿瘤，甚至致人死亡。一些资料表明，99%的室内氡气来自土壤或奠基的岩石，还有的来自井水、建筑材料。其浓度受室内外压力差、温度和土壤孔隙等因素的影响。

对氡气危害的研究证实，氡是一种无色无味的惰性气体，广泛存在于人类周围的空气中。科学研究证实，吸入氡及其子体是导致肺癌的第二位重要致病因素。国际放射防护委员会调查显示：有1/10的肺癌患者是由于氡及其子体所导致的；房间内的氡被吸入人体后能很快被排出体外，而由氡衰变产生的子体却滞留在呼吸道黏膜上，并且释放出作用于黏膜的放射线，是导致慢性肺癌的主要因素。

氡可以从建材中由放射性物质衰变而被释放出来，所以，靠近墙壁和地面处氡浓度较高。如果居室内床的位置比较靠近墙壁和地面，则在人在休息时的可能吸入量更大。人在做饭、洗衣和淋浴时，水中的氡可能被释放出来。另外，在天然气和石油化气燃烧时，其中的氡也可能全部被释放到室内；当人们用天然气取暖时，氡浓度就更高了。一般室内的氡浓度高于室外。